PETER BERG

W0034957

KOSMOS AUSSAAT TAGE 2025

DIF KRAFT DES MONDES
FÜR IHREN GARTEN

KOSMOS

Aussaatdaten Monat für Monat sicher anwenden

Der Einfluss von Mond und den Gestirnen hat eine entscheidende Bedeutung auf unsere Gartenarbeit. Um erfolgreich aussäen, pflanzen, pflegen, ernten und das Erntegut verarbeiten zu können, finden Sie in diesem Kalender für das Jahr 2025 die entsprechenden Aussaatdaten für günstige und ungünstige Tage.

Kalender

Jeder Monat besteht u. a. aus zwei Seiten Kalendarium. Diese können Sie täglich für persönliche Eintragungen verwenden. Es gibt ein Feld zum Eintragen der niedrigsten und höchsten Temperatur. Zudem können Sie Ihre Beobachtungen zum Wetter festhalten. So ist es möglich, die Ergebnisse in den folgenden Jahren miteinander zu vergleichen und Rückschlüsse zu ziehen.

Am Wochenanfang finden Sie außerdem jeweils die Zeit für den Sonnenauf- und Sonnenuntergang.

Nützliche Hinweise zur Pflanzenpflege helfen Ihnen und unterstützen Sie bei Ihrer Gartenarbeit.

Aussaatdaten

Die beiden anderen Seiten eines jeden Monats beinhalten die Aussaatdaten (die mitteleuropäische Sommerzeit ist berücksichtigt).

1. Die Symbole kennzeichnen die Pflanzengruppe, die positiv kosmisch beeinflusst wird. Die Zeiten geben den richtigen Zeitpunkt für Gartenarbeiten an. Wenn keine Zeit genannt wird, steht der gesamte Tag zur Verfügung.
2. Wenn sich die Symbole im grünen Teil der Seite befinden, ist Pflanzzeit. Der helle Teil bedeutet „keine Pflanzzeit".
3. Der Mond steht vor dem abgebildeten Sternzeichen. Die Zeit gibt an, wann der Mond vor das Sternzeichen tritt.
4. Mit diesem Symbol werden Voll-, Halb- und Neumond gekennzeichnet.
5. Hier ruhen alle Gartenarbeiten.
6. Perigäum (Erdnähe) = ungünstige Mondkonstellation
   ▶ 12 Stunden vorher und nachher sollten keine Gartenarbeiten durchgeführt werden. Im Kalender finden Sie das entsprechend berücksichtigt.
7. Absteigender Mondknoten = ungünstige Mondkonstellation
   ▶ Einige Stunden vorher und nachher sollten keine Gartenarbeiten durchgeführt werden. Dies gilt auch für den aufsteigenden Mondknoten und das Apogäum (Erdferne).

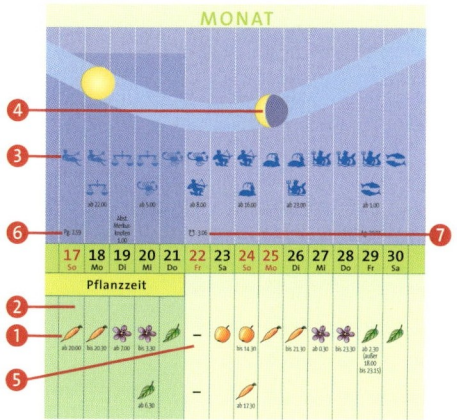

Samengärtnerei – Sortenvielfalt bewahren

Qualitativ hochwertiges Saatgut ist eine wichtige Grundlage für den gärtnerischen Erfolg, für eine gute Ernte und für die gesunde Ernährung der Menschen.

Die Samengärtnerei ist eine besonders schöne Seite des Gärtnerns. Für unsere Vorfahren war eigenes Saatgut jahrtausendelang selbstverständliche Praxis. Heute, in Zeiten professionellen Saatgutangebots aus Gartencentern und Co., ist das Wissen fast in Vergessenheit geraten. Das scheinbar vielfältige Angebot im Saatgutständer ist jedoch meist nur eine äußerst begrenzte Auswahl im Vergleich zur regionalen Vielfalt, die noch vor wenigen Jahrzehnten in heimischen Gärten zu finden war. Ein leidenschaftliches „Sammeln und Jagen" auf diesem Gebiet bereichert nicht nur den eigenen Garten, sondern hilft, unsere bedrohte Sortenvielfalt zu bewahren und alte, lokale Sorten zu fördern.

Samenfestes Saatgut ernten

Um eigenes, vermehrungsfähiges Saatgut zu gewinnen, brauchen Sie samenfeste Mutterpflanzen. Bei alten Sorten und Biosorten ist dies grundsätzlich der Fall, die Nachzüchtung also kein Problem. Moderne Hybridpflanzen vererben im Gegensatz zu samenfesten Pflanzen in der Regel nicht die gewünschten Eigenschaften, oder es bilden sich erst gar keine Samen. Nur schöne, gesunde, sortentypische Exemplare eignen sich, um Samen davon zu gewinnen. Die ausgesuchte (samenfeste!) Pflanze sollte möglichst

schon unter biologischen Bedingungen gewachsen sein.

So geht's

Lassen Sie die gewünschte Pflanze zur Blüte und zur Samenreife kommen, bis die Samen fast ganz ausgetrocknet sind und sie fast von selbst abfallen. Schneiden Sie die reifen Samenstände vorsichtig ab und lassen Sie diese einige Zeit nachtrocknen. Reiben Sie die Samen aus und geben Sie sie in Tütchen oder Briefumschläge, die Sie zuvor mit dem Erntejahr und dem Sortennamen beschriftet haben.

Samen von Blumen

Blumen wie Mohn, Stockrosen, Astern, Margeriten etc. können Sie leicht und kostengünstig über Samen vermehren. Hier können Sie sich übrigens das Samenausreiben sparen, denn die geernteten, reifen und nachgetrockneten Kapseln sowie Samenstände dürfen im Herbst des Erntejahres komplett in den Boden gesteckt werden. Wenn Sie sich im nächsten Jahr über längere Zeit an einer oder mehreren Blumenarten erfreuen wollen, geben Sie im Herbst die Samen mehrmals, jeweils zeitversetzt nach etwa einer Woche, in den Boden. So blühen Ihre Lieblingsblumen im nächsten Sommer besonders lange.

Saatgut richtig lagern

Qualitativ hochwertiges Saatgut kann, wenn es sachgerecht gelagert wird, jahre-

TIPP

Als leichter Einstieg eignen sich Küchenkräuter wie Dill, Borretsch und Kresse. Die Blütenstände bleiben so lange stehen, bis sie fast ganz ausgetrocknet sind und die Samen fast von selbst abfallen.

1 Um Möhrensaatgut zu gewinnen, werden im Herbst die Möhren geerntet und über Winter eingelagert. Im März werden die ausgesuchten Samenträgermöhren dann wieder in die Erde gepflanzt. Ein sonniger Standort hilft bei der Samenreife sehr. Der Abstand zwischen den Reihen sollte mindestens 50 cm und in der Reihe 10 cm bis 15 cm betragen.

2 Der junge Möhrenaustrieb ist vor Schneckenfraß zu schützen.

3 Im Sommer während der Blüte sollten im Umkreis von 500 m keine Wilden Möhren blühen und als Mitbefruchter tätig werden, sonst verliert die Möhre wesentliche Teile der geliebten Eigenschaften wie Farbe und Süße.

4 Die Samendolden werden abgeerntet, wenn die Samen eine braune Farbe angenommen haben. Zum Nachtrocknen ist es gut, die Dolden in einen Kopfkissenbezug im Gartenhaus zum Trocknen aufzuhängen. Bevor die Samen zur Aussaat kommen, müssen die einzelnen Samen von den Krallhärchen befreit werden. Dies kann einfach durch Reiben der trockenen Samen in den Handflächen erfolgen.

lang verwendet werden, auch über das Haltbarkeitsdatum hinaus. Die Samen sollten an einem dunklen, trockenen und kühlen Ort mit möglichst konstanten Temperaturen lagern (optimale Lagerungstemperatur 4 bis 10 °C). Achten Sie darauf, dass das Saatgut ausreichend trocken ist und schützen Sie es vor Mäuse- und Mottenfraß. Für die Aufbewahrung bieten sich dunkle Schraubgläser an, die zusätzlich licht- und temperaturgeschützt

Eingetrocknete Samen haben ihre Keimfähigkeit bereits verloren.

in einen Karton oder in eine Schachtel mit Deckel gestellt werden können. Versehen Sie abschließend die Behältnisse mit den gärtnerisch relevanten Daten wie Pflanzenart, Sorte, Ernte- und Kaufdatum.

Langlebiges Saatgut

Wichtig für die Qualität des Saatguts ist auch seine Keimfähigkeit. Die Dauer der Keimfähigkeit variiert je nach Pflanzenart. Unter den Gemüsearten gelten die Nachtschattengewächse, wie Tomaten, Auberginen und Paprika, mit einer Keimfähigkeit von über fünf Jahren als sehr langlebig. Auch Kohl- und Kürbisgewächse, wie Gurke, Kürbis und Zucchini, keimen noch nach vier bis fünf Jahren. Ohne Probleme lassen sich auch Feldsalat, Rote Bete und Mangold noch nach Jahren aussäen. Schnittlauch-, Pastinaken- und Schwarzwurzelsamen allerdings verlieren sehr schnell ihre Keimfähigkeit, in der Regel nach einem Jahr.

Keimprobe: Saatgut testen

Mit dieser einfachen Keimprobe können Sie die Keimfähigkeit Ihres Saatguts testen: Zählen Sie bei großen Samen, wie Bohnen oder Erbsen, zehn Samen ab, bei kleineren Samen 20 oder mehr (Sie können auch 100 Samen nehmen, wenn Sie nicht so viel rechnen möchten), und legen Sie diese auf ein feuchtes Küchenpapier. Rollen Sie das Küchenpapier mit den Samen anschließend ein und legen Sie es in einen Plastikbeutel, in den Sie zuvor einige kleine Löcher geschnitten haben. Halten Sie dann den Beutel warm (ca. 20 bis 25 °C). Innerhalb weniger Tage bilden sich nun Keimlinge. Eine hohe Keimfähigkeit von über 80 % ist ideal. Liegt die Keimfähigkeit zwischen 60 und 80 %, müssen die Samen dichter ausgesät werden. Liegt die Keimfähigkeit unter 60 %, sollten Sie die Samen nicht mehr für den Gemüseanbau verwenden. Diese Samen haben erfahrungsgemäß nur noch wenig Triebkraft, sie wachsen zögerlich und liefern keine guten Erträge mehr.

Licht- und Dunkelkeimer

Beim Aufkeimen der Samen werden sogenannte Licht- und Dunkelkeimer unterschieden. Beim Aussäen von Dunkelkeimern müssen die Samen mit einer feinen Schicht Erde bedeckt werden. Lichtkeimer werden nicht mit Erde bedeckt. Geben Sie bei den Dunkelkeimern die Erde möglichst fein und gleichmäßig über die Samen, denn die Keimlinge müssen durch diese feine Schicht das „Licht der Welt" erblicken. Gängige Dunkelkeimer sind Paprika, Tomaten, Kohl, Lauch, Gurken, Kürbis, Tulpen, Lilien.
Gängige Lichtkeimer sind Basilikum, Salate, Möhren, Rasen, Pfingstrosen.

Jungpflanzenanzucht

Aussaaterde leicht andrücken, damit beim Angießen die Samen nicht in die Löcher schwimmen.

Im Haus

Für Aussaaten in Gefäßen, egal welcher Art, benötigen Sie eine nicht allzu nährstoffreiche Erde. Diese kann aus zwei Drittel gutem, gereiften Kompost, ca. einem Sechstel Sand und einem Sechstel sogenannter Maulwurfshügelerde gemischt werden. Es ist eine torffreie Mischung, in der in aller Regel die Aussaaten gut gedeihen. Sie können auch für diese Saat das Hornmist-Präparat dynamisieren und anwenden. Das Gefäß sollte natürlich unten Löcher haben und in einem Untersetzer stehen, damit überflüssiges Gießwasser ablaufen kann – falls viel gegossen wurde.

Aussäen mit kosmischen Impulsen

Die Saatschalen werden zum gewünschten Saattermin immer frisch mit Erde befüllt. Durch diese Erdbewegung, kurz vor der Aussaat, wird es dem Kosmos möglich, zu wirken. Immer, wenn die Erde bewegt wird, kann sich die größtmögliche Wirksamkeit der Konstellationen entfalten. Nur die Samen auszustreuen ist für die kosmischen Impulse zu wenig! Die Samen

werden nach der Aussaat mithilfe eines feinen Siebes und feiner Erde bedeckt, und zwar so dünn, dass die Samen nicht mehr erkennbar sind. Vorsichtiges Angießen ist selbstverständlich, damit die Saat nicht verschlammt. Decken Sie die Saatgefäße anschließend immer mit einem Vlies ab. Die Keimung erfolgt schneller und Sie müssen nicht so viel gießen.

Gutes Auflaufen für Sämlinge

Danach ist etwas Geduld gefragt. Tragen Sie auf alle Fälle das Aussaatdatum, die Pflanzenart und -sorte auf das Etikett und in Ihren Gartenkalender ein, damit Sie Erfahrungswerte sammeln können, wie lange die Aussaat bei den einzelnen Gemüsearten dauert. Schauen Sie jeden Tag nach den Aussaaten, um zur richtigen Zeit das Vlies abnehmen zu können. Stellen Sie nach erfolgter Keimung die Saatschale so hell wie möglich, damit die jungen Pflänzchen durch das Suchen nach Licht keine unnötigen Geiltriebe bilden müs-

1 Den Sämling vorsichtig aus dem Anzuchtgefäß nehmen und die Wurzeln auf ca. 2 cm einkürzen.
2 Der Wurzelhals darf im neuen Topf ganz in der Erde verschwinden. Vorsicht beim Andrücken, damit er nicht abgeknickt wird.

sen. Denn kurze, stämmige Jungpflanzen sind bei der eigenen Anzucht unser Ziel.

Sämlinge abhärten

Wenn es die Witterung erlaubt, wird das Gewächshaus gelüftet und so die Temperatur niedrig gehalten. Die Keimlinge vom Fensterbrett sollten bei geeigneter Witterung nach draußen gestellt und eventuell nachts wieder hereingeholt werden. Sind die Keimlinge über das Keimblattstadium hinausgewachsen und Sie können die ersten sogenannten Charakterblätter (für diese Pflanze typischen Blätter) erkennen, wird es Zeit, die Pflänzchen zu pikieren. D. h., sie einzeln in größere Gefäße zu setzen, damit eine gute, zügige Jungpflanzenentwicklung erfolgen kann.

Im Gemüsebeet

Anstelle der Saatschale können Sie auch direkt im Garten ein Anzuchtbeet einrichten, das gilt besonders für Aussaaten im späteren Gartenjahr ab Mitte Mai. Salate, Kohl und später Lauch können auf diese Weise gut herangezogen werden. Die um-

Kleines Handjätegerät beim Einsatz in der Saatreihe. Hiermit können erste Beikräuter entfernt und den Sämlingen somit ein guter Start gegeben werden.

fassende Bodenbearbeitung mit dem Hornmist-Präparat erfolgt hier zusätzlich mit einer größeren Menge reifen Komposts. Für die Aussaat wählen Sie wieder einen Tag, der dem Pflanzentypus entspricht. Für die im Beispiel genannten Pflanzen (Kohl, Lauch, Salat) wäre dies ein Blatttag.

Gute Startbedingungen

Säen Sie die Samen sorgfältig und nicht zu dicht, damit die Pflanzen für eine gute Jugendentwicklung genügend Platz zu Verfügung haben. Gute Startbedingungen erhalten die Samen außerdem, wenn sie sorgfältig angegossen und anschließend sofort, mit einem speziell für Aussaaten entwickelten Ernteverfrühungsvlies, abgedeckt werden. Vergessen Sie zum Schluss nicht das Beet mit einem Etikett zu versehen, das alle wichtigen Daten enthält, die Sie zum Sammeln Ihrer Erfahrungswerte brauchen.

Ab ins Pflanzbeet

Auch hier muss man sich nach der Aussaat in Geduld üben. Schauen Sie jedoch immer wieder unter das Vlies, um zu verfolgen, was sich da so tut. Denn sobald es keimt, müssen Sie am Abend das Vlies abnehmen – damit sich die Sämlinge in der Nacht an die raue Wirklichkeit gewöhnen können und nicht am Tage in der Sonne verbrannt werden – und weiterhin Ihre kleinen Schützlinge im Auge behalten. Sind die Jungpflanzen groß genug, werden sie mit ihrem größeren Wurzelballen an die geplante neue Stelle im Garten gepflanzt. Auch an dem neuen Pflanzplatz wurde zuvor eine umfassende Bodenbearbeitung zur richtigen Konstellation durchgeführt. Nun kann das zügige Wachstum der Pflänzchen weitergehen.

Stecklinge vermehren

Im Frühling ist nicht nur Zeit für die Aussaat. Manche Pflanzen lassen sich einfacher und schneller durch Stecklinge als durch Samen gewinnen. Bei dieser sogenannten vegetativen Vermehrung sind die Eigenschaften der Mutterpflanze und der durch die Stecklinge gewonnenen nächsten Generation gleich.

Von Kopf- bis Wurzelsteckling

Man unterscheidet grundsätzlich zwischen Kopf-, Blatt- und Wurzelstecklingen. Alle Stecklinge werden ab dem Frühjahr einer gesunden Mutterpflanze entnommen und sollten mindestens zwei voll ausgebildete Blattpaare besitzen.

Bei Pflanzen wie Pfefferminze, Estragon, Salbei, Verbene, Ehrenpreis, Lavendel, Buntnessel, Phlox und Nelke werden Kopfstecklinge geschnitten, die neben den beiden Blattpaaren noch die Triebspitze (den Kopf) aufweisen.

Reine Blattstecklinge mit mindestens zwei Blattpaaren können von Blatt-Begonien, Usambaraveilchen und Sukkulenten gezogen werden.

Triebspitzen mit drei bis fünf Blattetagen werden geschnitten ...

... und in die Erde gesteckt. Die Bewurzelung erfolgt bei den Pfefferminzen, wie hier auf dem Bild, nach ca. 14 Tagen.

Wurzelstecklinge macht man von Pflanzen, die unterirdische Ausläufer bilden, z. B. Pfefferminze (siehe Seite 12). Bei Pflanzen, die oberirdische Ausläufer bilden, wie Erdbeeren, können die jungen Pflänzchen im Laufe des Sommers einfach von der Mutterpflanze mit einem scharfen Messer abgetrennt und eingepflanzt werden, da sie in der Regel schon eigene Wurzeln gebildet haben.

Kopfstecklinge schneiden

Man schneidet von einer Mutterpflanze Triebspitzen in einer Länge von ca. 4 bis 5 cm etwa 1 cm unterhalb eines Blattansatzes ab. Der Steckling sollte drei bis maximal fünf Blattpaare aufweisen, die untere Blattreihe wird dann entfernt. Anschließend werden, je nach Größe der Töpfe, etwa vier Stecklinge in jeweils einen Topf mit 8 cm Durchmesser in Jungpflanzenerde gesteckt. Danach werden die Stecklinge möglichst mit einem Vlies zugedeckt, um Feuchtigkeitsverlust zu vermeiden. Prüfen Sie regelmäßig die

Wurzelausläuferteile sind oft noch ergiebiger in der Vermehrungsmöglichkeit.

Einzelne Wurzelausläufer werden von der Mutterpflanze getrennt ...

Feuchtigkeit. Stecklinge wollen Feuchtigkeit, jedoch keine Staunässe. Deshalb nur wenig und vorsichtig nachgießen. Überprüfen Sie immer wieder, ob sich bereits Wurzeln gebildet haben. Sobald der Stecklingstopf vollständig mit Wurzeln angefüllt ist, topfen Sie die Pflanzen entweder in einen größeren Topf oder in den Garten.

Sie können Stecklinge auch in ein Glas mit Wasser stellen. Viele Pflanzen, wie z. B. Tomaten, Andenbeeren, Buntnesseln und Fleißige Lieschen, bilden auch auf diese Weise Wurzeln.

Wurzelstecklinge selbst ziehen

Pfefferminze, Zitronenmelisse und Garten-Phlox können durch Wurzelrisslinge

... und in Töpfchen eingepflanzt. Die Eigenschaften der Mutterpflanze bleiben erhalten.

vermehrt werden, da diese Pflanzen sehr wurzelaktiv sind und unterirdisch Ausläufer bilden – sie neigen gar oft zum Wuchern! Aus den Wurzeln bilden sich dann die neuen grünen Pflanzenteile.

Um Wurzelstecklinge zu gewinnen, wird ein Wurzelausläuferstück der Pflanze herausgetrennt. Wurzelteile, an denen sich bereits einzelne Austriebsteile gebildet haben, sind am besten geeignet. Diese Wurzelteile werden abgeschnitten und anschließend in einen Topf mit Aussaaterde gesteckt.

Abschließend muss gut gewässert werden. Nachdem die Wurzelstücke angewachsen sind, d. h., sich neue, grüne Pflanzenteile oberirdisch gebildet haben und das Wachstum sichtbar ist, werden sie vereinzelt und in größere Töpfe gesetzt oder direkt ins Freie gepflanzt.

Kräuter teilen

Zu große oder leicht wuchernde Kräuter, wie Melisse und Pfefferminze, können im Frühjahr (oder auch Herbst) geteilt und somit vermehrt werden. Dazu wird die Pflanze mit dem Wurzelballen ausgegraben und mit einem Spaten oder Messer geteilt. Die Teilstücke erholen sich schnell und wachsen gut eingepflanzt und angegossen im Gartenbeet anschließend weiter.

Aussaattage 2025

1	Mi	Neujahr

SA: 8.24   SU: 16.35

2	Do	

3	Fr	

4	Sa	

5	So	

6	Mo	Heilige Drei Könige

SA: 8.22   SU: 16.44

7	Di	

8	Mi	

9	Do	

10	Fr	

11	Sa	

12	So	**Pflanzzeit beginnt um 5.30 Uhr**

13	Mo	

SA: 8.17   SU: 16.54

14	Di	

15	Mi	

16	Do	

				Fr	**17**
		mm		Sa	**18**
		mm		So	**19**
		mm	SA: 8.10 SU: 17.05	Mo	**20**
		mm		Di	**21**
		mm		Mi	**22**
		mm		Do	**23**
		mm		Fr	**24**
		mm		Sa	**25**
		mm	Pflanzzeit endet um 14.28 Uhr So	So	**26**
		mm	SA: 8.01 SU: 17.16	Mo	**27**
		mm		Di	**28**
		mm		Mi	**29**
		mm		Do	**30**
		mm		Fr	**31**

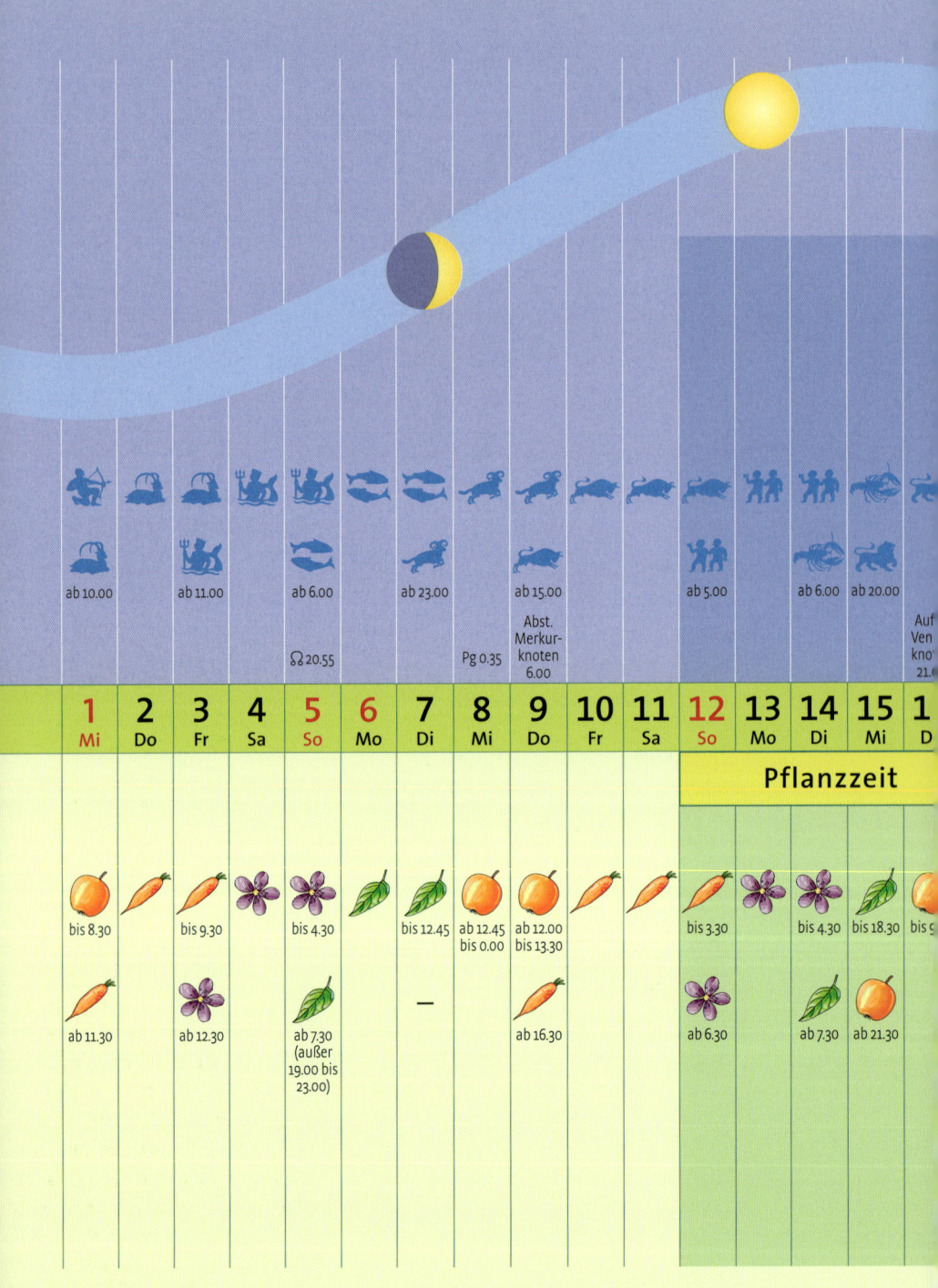

ab 10.00	ab 11.00	ab 6.00	ab 23.00		ab 15.00				ab 5.00		ab 6.00	ab 20.00		
		♌ 20.55			Pg 0.35									Auf Ven kno 21.
					Abst. Merkur- knoten 6.00									

1	**2**	**3**	**4**	**5**	**6**	**7**	**8**	**9**	**10**	**11**	**12**	**13**	**14**	**15**	**1**
Mi	Do	Fr	Sa	So	Mo	Di	Mi	Do	Fr	Sa	So	Mo	Di	Mi	D

Pflanzzeit

bis 8.30		bis 9.30		bis 4.30		bis 12.45	ab 12.45 bis 0.00	ab 12.00 bis 13.30			bis 3.30		bis 4.30	bis 18.30	bis
ab 11.30	ab 12.30			ab 7.30 (außer 19.00 bis 23.00)		—		ab 16.30			ab 6.30		ab 7.30	ab 21.30	

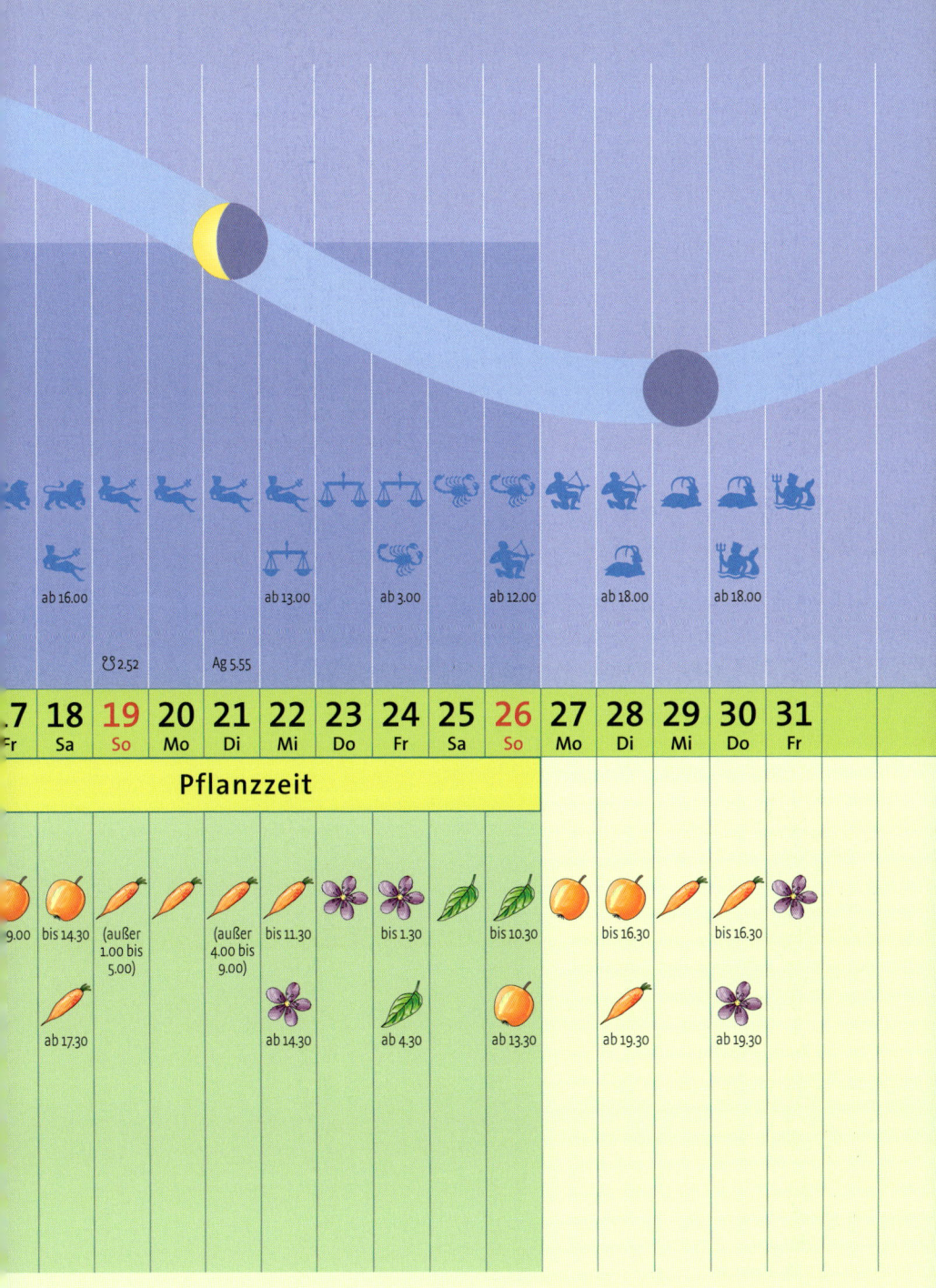

| | ab 16.00 | | | | ab 13.00 | ab 3.00 | | ab 12.00 | | ab 18.00 | | ab 18.00 |

| | | ♋ 2.52 | Ag 5.55 | | | | | | | | | |

| .7 | 18 | 19 | 20 | 21 | 22 | 23 | 24 | 25 | 26 | 27 | 28 | 29 | 30 | 31 |
| Fr | Sa | So | Mo | Di | Mi | Do | Fr | Sa | So | Mo | Di | Mi | Do | Fr |

Pflanzzeit

| 9.00 | bis 14.30 | (außer 1.00 bis 5.00) | | (außer 4.00 bis 9.00) | bis 11.30 | bis 1.30 | | bis 10.30 | | bis 16.30 | | bis 16.30 | |
| | ab 17.30 | | | | | ab 14.30 | ab 4.30 | ab 13.30 | | ab 19.30 | | ab 19.30 | |

1	Sa		SA: 8.01 SU: 17.16
2	So	Mariä Lichtmess	
3	Mo		SA: 7.50 SU: 17.29
4	Di		
5	Mi		
6	Do		
7	Fr		
8	Sa	**Pflanzzeit beginnt um 11.40 Uhr**	
9	So		
10	Mo		SA: 7.38 SU: 17.41
11	Di		
12	Mi		
13	Do		
14	Fr	Valentinstag	
15	Sa		
16	So		

					Mo	**17**
		mm		SA: 7.25 SU: 17.53		
					Di	**18**
		mm				
					Mi	**19**
		mm				
					Do	**20**
		mm				
					Fr	**21**
		mm				
				Pflanzzeit endet um 23.32 Uhr	Sa	**22**
		mm				
					So	**23**
		mm				
					Mo	**24**
		mm		SA: 7.11 SU: 18.05		
					Di	**25**
		mm				
					Mi	**26**
		mm				
				Weiberfastnacht	Do	**27**
		mm				
					Fr	**28**
		mm				

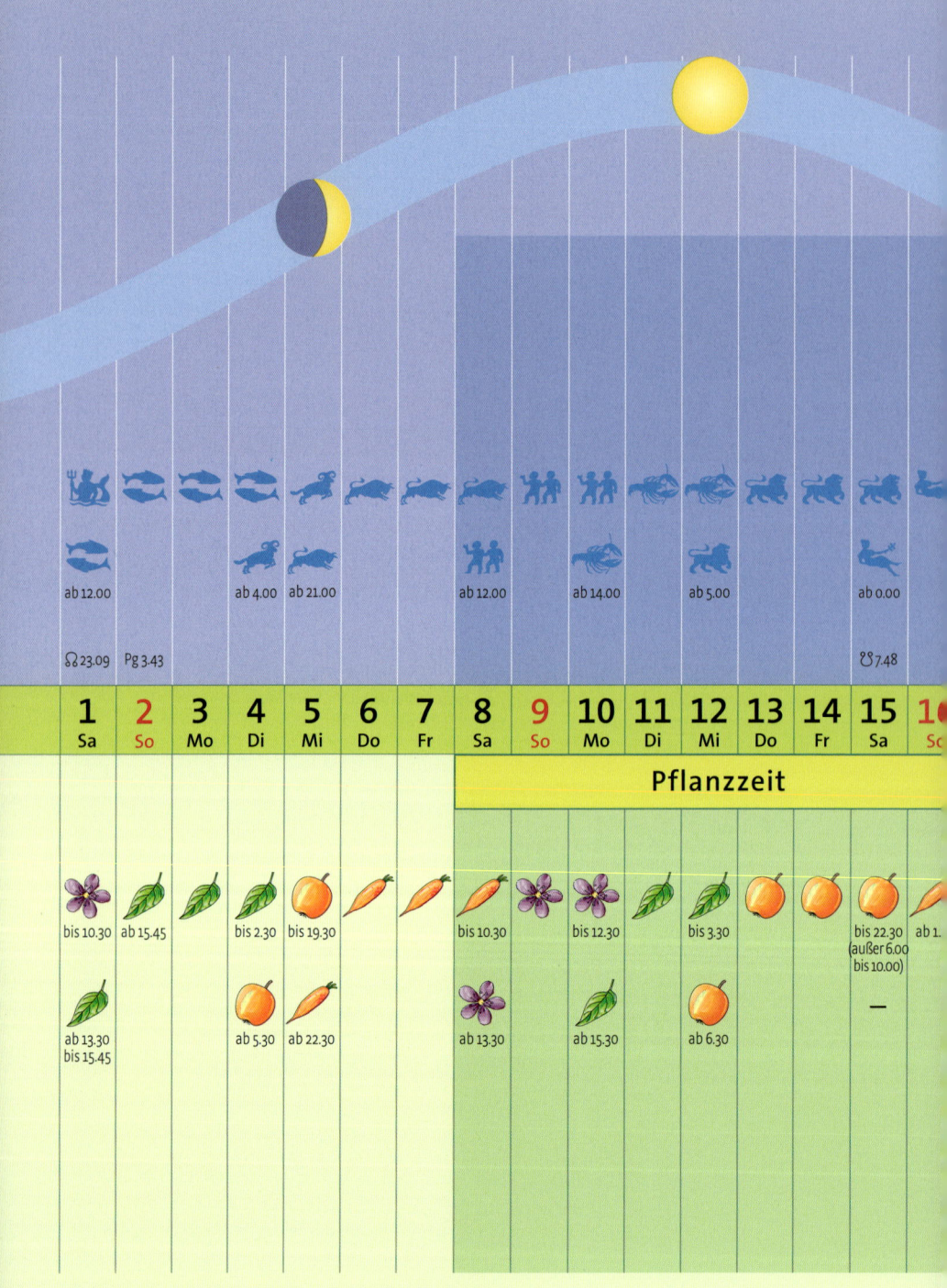

1	2	3	4	5	6	7	8	9	10	11	12	13	14	15	16
Sa	So	Mo	Di	Mi	Do	Fr	Sa	So	Mo	Di	Mi	Do	Fr	Sa	So

ab 12.00 · ab 4.00 · ab 21.00 · ab 12.00 · ab 14.00 · ab 5.00 · ab 0.00

♌ 23.09 · Pg 3.43 · ☊ 7.48

Pflanzzeit

bis 10.30 · ab 15.45 · bis 2.30 · bis 19.30 · bis 10.30 · bis 12.30 · bis 3.30 · bis 22.30 (außer 6.00 bis 10.00) · ab 1.

ab 13.30 bis 15.45 · ab 5.30 · ab 22.30 · ab 13.30 · ab 15.30 · ab 6.30 · —

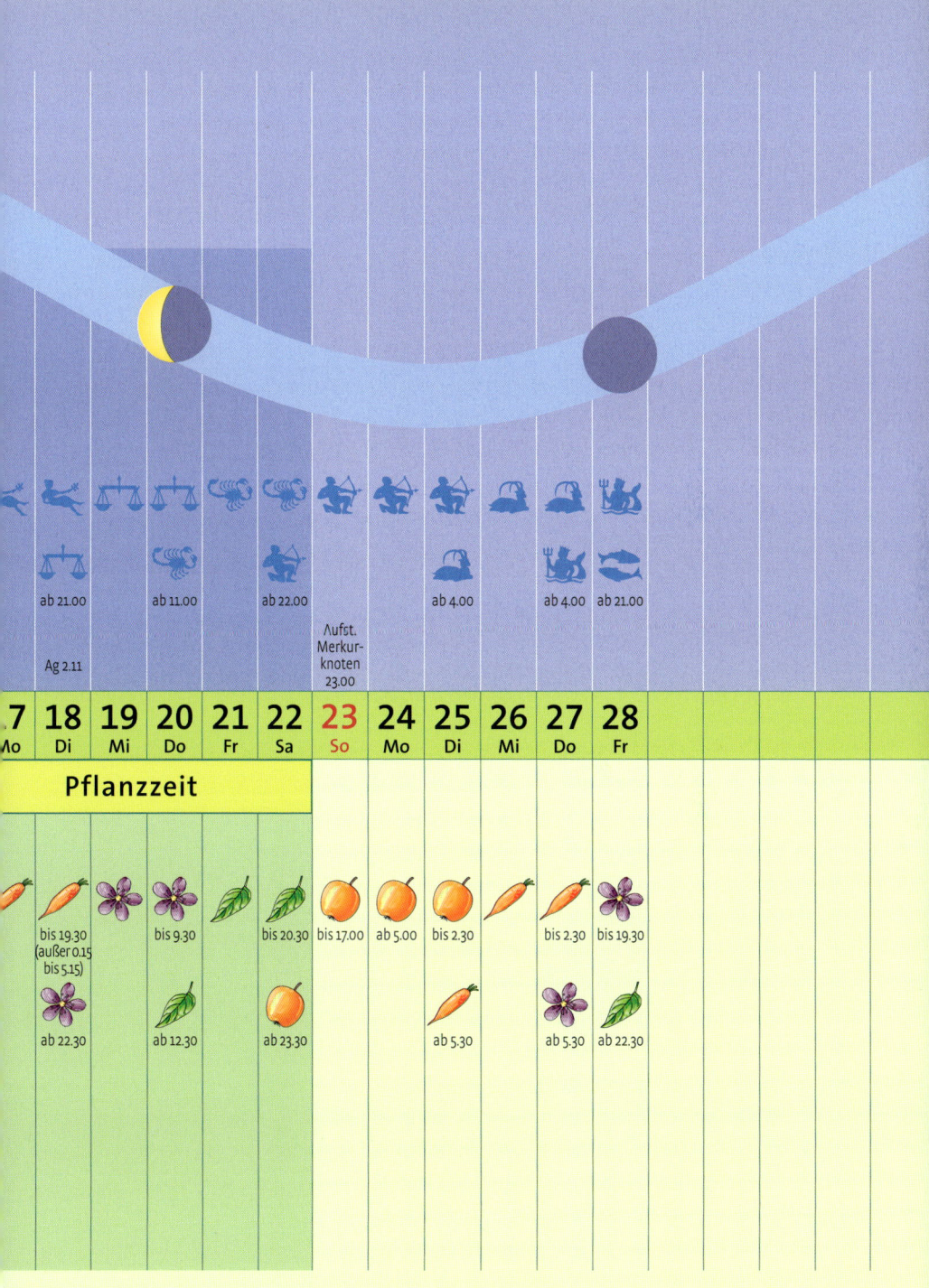

ab 21.00   ab 11.00   ab 22.00   ab 4.00   ab 4.00   ab 21.00

Aufst.
Merkur-
knoten
23.00

Ag 2.11

	18	19	20	21	22	23	24	25	26	27	28
Mo	Di	Mi	Do	Fr	Sa	So	Mo	Di	Mi	Do	Fr

Pflanzzeit

bis 19.30
(außer 0.15
bis 5.15)   bis 9.30   bis 20.30   bis 17.00   ab 5.00   bis 2.30   bis 2.30   bis 19.30

ab 22.30   ab 12.30   ab 23.30   ab 5.30   ab 5.30   ab 22.30

1	Sa		SA: 7.11 SU: 18.05

| 2 | So | |

| 3 | Mo | Rosenmontag | SA: 6.57 SU: 18.16 |

| 4 | Di | Fastnacht |

| 5 | Mi | Aschermittwoch |

| 6 | Do | |

| 7 | Fr | **Pflanzzeit beginnt um 16.56 Uhr** |

| 8 | Sa | Internationaler Frauentag |

| 9 | So | |

| 10 | Mo | | SA: 6.42 SU: 18.27 |

| 11 | Di | |

| 12 | Mi | |

| 13 | Do | |

| 14 | Fr | |

| 15 | Sa | |

| 16 | So | |

MÄRZ

| | | | | Mo | **17** |
| mm | SA: 6.28 | SU: 18.39 | | | |

| | | | | Di | **18** |

| | | | Josefstag | Mi | **19** |

| | | | Frühlingsanfang | Do | **20** |

| | | | | Fr | **21** |

| | | | **Pflanzzeit endet um 7.47 Uhr** | Sa | **22** |

| | | | | So | **23** |

| | | SA: 6.16 SU: 18.42 | | Mo | **24** |

| | | | | Di | **25** |

| | | | | Mi | **26** |

| | | | | Do | **27** |

| | | | | Fr | **28** |

| | | | | Sa | **29** |

| | | | **Beginn der Sommerzeit** Uhren um 2.00 Uhr auf 3.00 Uhr vorstellen. | So | **30** |

| | | SA: 7.11 SU: 19.50 | | Mo | **31** |

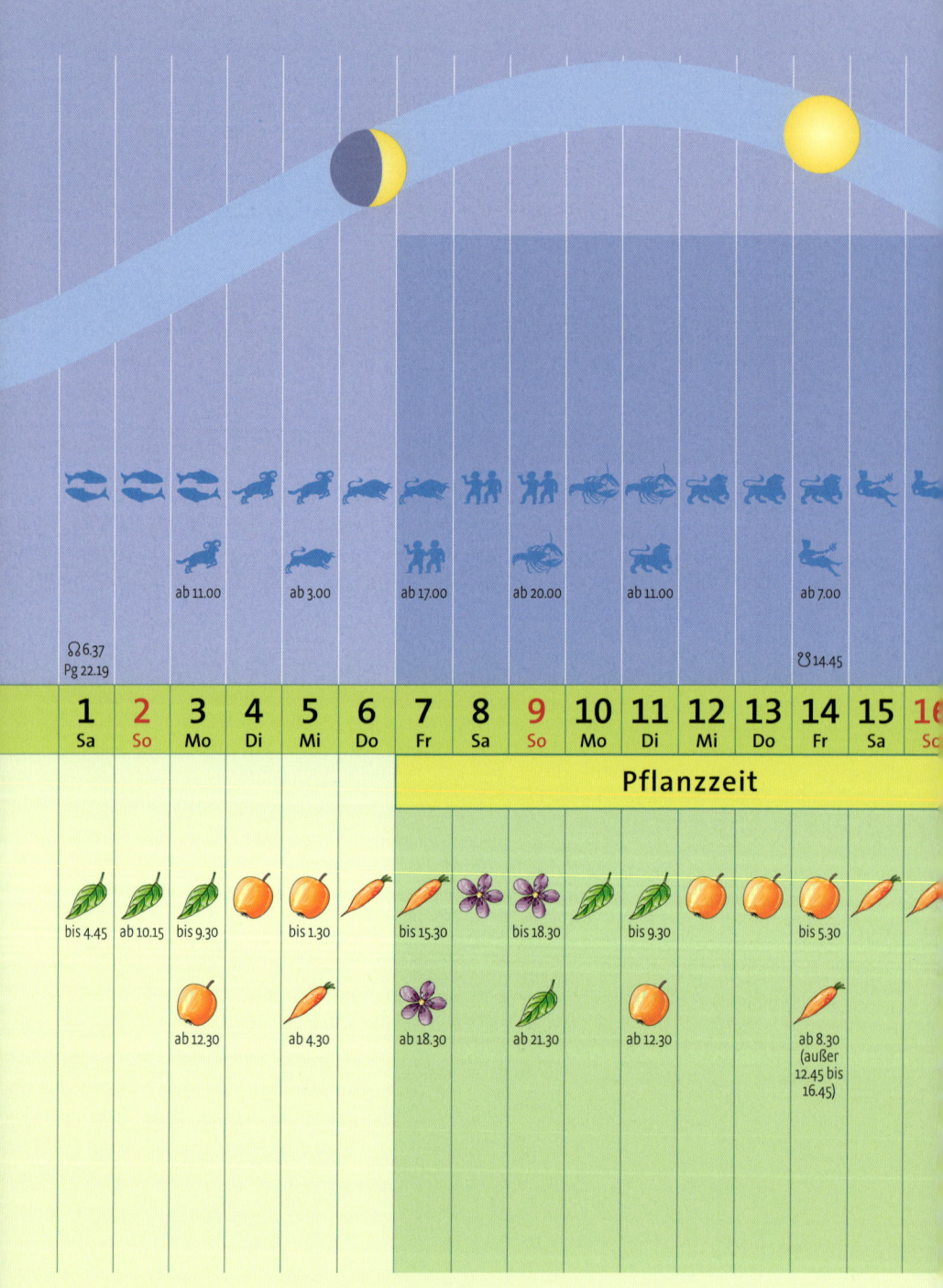

| | ab 11.00 | | ab 3.00 | | | ab 17.00 | | ab 20.00 | | ab 11.00 | | | ab 7.00 | | |

♌ 6.37
Pg 22.19

♋ 14.45

1	2	3	4	5	6	7	8	9	10	11	12	13	14	15	16
Sa	So	Mo	Di	Mi	Do	Fr	Sa	So	Mo	Di	Mi	Do	Fr	Sa	So

Pflanzzeit

| bis 4.45 | ab 10.15 | bis 9.30 | | bis 1.30 | | bis 15.30 | bis 18.30 | | bis 9.30 | | | | bis 5.30 | | |
| | | ab 12.30 | | ab 4.30 | | ab 18.30 | ab 21.30 | | ab 12.30 | | | | ab 8.30 (außer 12.45 bis 16.45) | | |

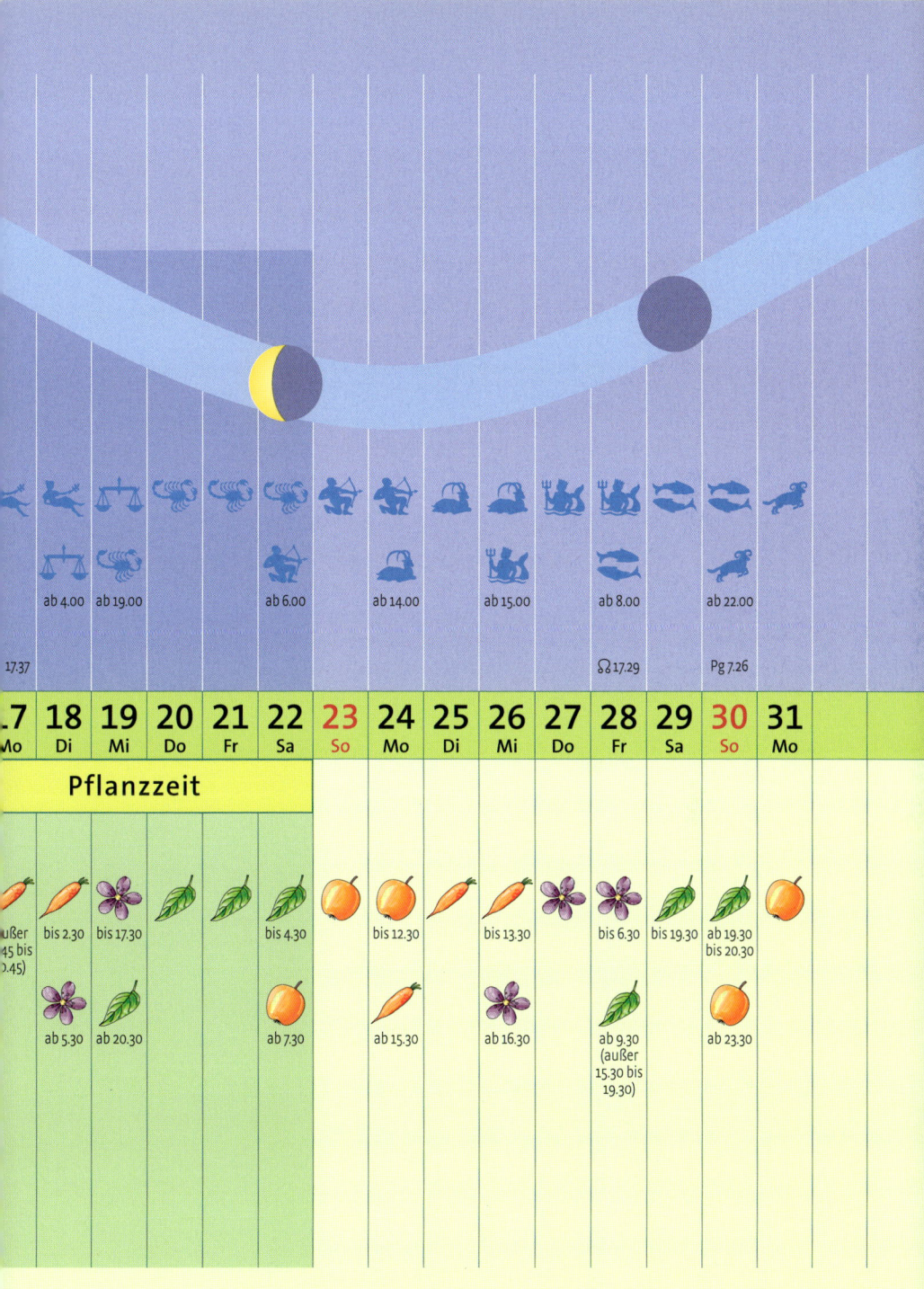

	ab 4.00	ab 19.00				ab 6.00		ab 14.00		ab 15.00			ab 8.00		ab 22.00	
17.37											♌17.29		Pg 7.26			

.7	18	19	20	21	22	23	24	25	26	27	28	29	30	31		
Mo	Di	Mi	Do	Fr	Sa	So	Mo	Di	Mi	Do	Fr	Sa	So	Mo		

Pflanzzeit

außer 45 bis 0.45)	bis 2.30	bis 17.30			bis 4.30		bis 12.30		bis 13.30		bis 6.30	bis 19.30	ab 19.30 bis 20.30			
	ab 5.30	ab 20.30			ab 7.30		ab 15.30		ab 16.30		ab 9.30 (außer 15.30 bis 19.30)		ab 23.30			

1	Di		
		SA: 7.11 SU: 19.50	mm
2	Mi		
			mm
3	Do		
			mm
4	Fr	**Pflanzzeit beginnt um 0.15 Uhr**	
			mm
5	Sa		
			mm
6	So		
			mm
7	Mo		
		SA: 6.56 SU: 20.01	mm
8	Di		
			mm
9	Mi		
			mm
10	Do		
			mm
11	Fr		
			mm
12	Sa		
			mm
13	So	Palmsonntag	
			mm
14	Mo		
		SA: 6.41 SU: 20.12	mm
15	Di		
			mm
16	Mi		
			mm

			Gründonnerstag Hinweis: Nach Maria Thun ruhen an den Kartagen die Gartenarbeiten!	Do	**17**
	mm		Karfreitag **Pflanzzeit endet um 15.25 Uhr**	Fr	**18**
	mm		Karsamstag	Sa	**19**
	mm		Ostersonntag	So	**20**
	mm	SA: 6.25 SU: 20.23	Ostermontag	Mo	**21**
	mm			Di	**22**
	mm			Mi	**23**
	mm			Do	**24**
	mm			Fr	**25**
	mm			Sa	**26**
	mm		Weißer Sonntag	So	**27**
	mm	SA: 6.13 SU: 20.24		Mo	**28**
	mm			Di	**29**
	mm		Walpurgisnacht	Mi	**30**

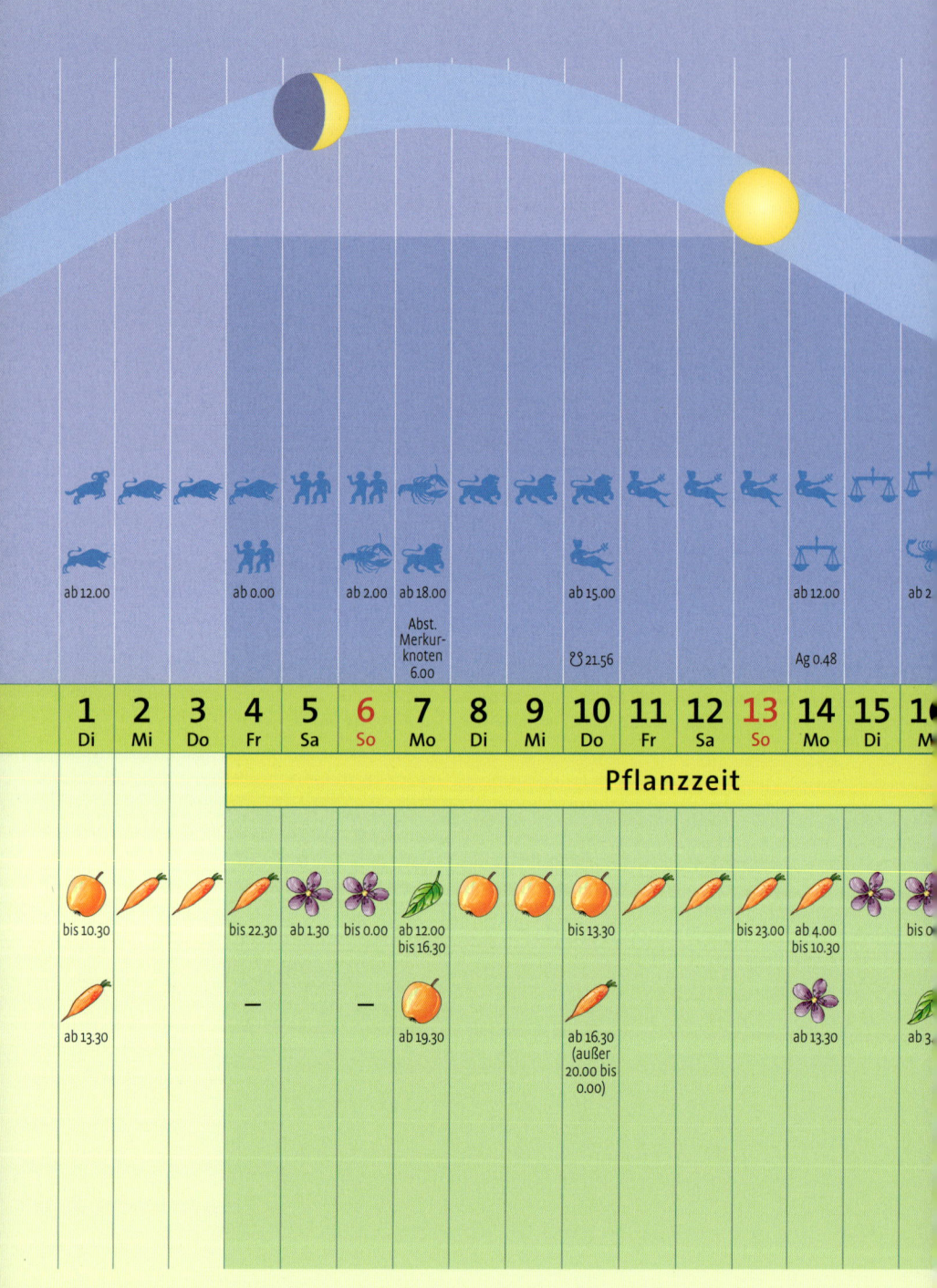

	1 Di	2 Mi	3 Do	4 Fr	5 Sa	6 So	7 Mo	8 Di	9 Mi	10 Do	11 Fr	12 Sa	13 So	14 Mo	15 Di	16 M
Tierkreis	ab 12.00			ab 0.00		ab 2.00	ab 18.00			ab 15.00			ab 12.00			ab 2
							Abst. Merkur- knoten 6.00			☊ 21.56			Ag 0.48			

Pflanzzeit

	1	2	3	4	5	6	7	8	9	10	11	12	13	14	15	16
	bis 10.30			bis 22.30	ab 1.30	bis 0.00	ab 12.00 bis 16.30			bis 13.30			bis 23.00	ab 4.00 bis 10.30		bis 0
	ab 13.30			—		—	ab 19.30			ab 16.30 (außer 20.00 bis 0.00)				ab 13.30		ab 3.

ab 1.00

ab 14.00   ab 23.00   ab 20.00   ab 9.00 ab 23.00

♋ 4.31   Pg 18.15

7 **o**	**18** Fr	**19** Sa	**20** So	**21** Mo	**22** Di	**23** Mi	**24** Do	**25** Fr	**26** Sa	**27** So	**28** Mo	**29** Di	**30** Mi		
bis 12.30		bis 21.30	bis 0.30 (außer 2.45 bis 6.45)	bis 23.30	ab 2.30	bis 18.30				bis 6.15	ab 6.15 bis 21.30	ab 0.30		
ab 15.30		—				ab 21.30				—	—			

1	Do	Maifeiertag
		Staatsfeiertag (A)
		Pflanzzeit beginnt um 8.35 Uhr SA: 6.13 SU: 20.24

2	Fr

3	Sa

4	So

5	Mo
		SA: 6.00 SU: 20.45

6	Di

7	Mi

8	Do

9	Fr

10	Sa

11	So	Muttertag
		Mamertus (Eisheiliger)

12	Mo	Pankratius (Eisheiliger)
		SA: 5.48 SU: 20.55

13	Di	Servatius (Eisheiliger)

14	Mi	Bonifatius (Eisheiliger)

15	Do	Kalte Sophie (Eisheilige)
		Pflanzzeit endet um 20.44 Uhr

16	Fr

mm

					Sa	**17**
			mm		So	**18**
			mm	SA: 5.38 SU: 21.05	Mo	**19**
			mm		Di	**20**
			mm		Mi	**21**
			mm		Do	**22**
			mm		Fr	**23**
			mm		Sa	**24**
			mm		So	**25**
			mm	SA: 5.29 SU: 21.16	Mo	**26**
			mm		Di	**27**
			mm	**Pflanzzeit beginnt um 18.16 Uhr**	Mi	**28**
			mm	Christi Himmelfahrt / Auffahrt (CH) Vatertag	Do	**29**
			mm		Fr	**30**
			mm		Sa	**31**

MAI

ab 9.00	ab 9.00	ab 0.00		ab 20.00	☊ 1.43 Abst. Venus-knoten 11.00				ab 18.00	Ag 2.49	ab 8.00		ab 19.00		

| **1** Do | **2** Fr | **3** Sa | **4** So | **5** Mo | **6** Di | **7** Mi | **8** Do | **9** Fr | **10** Sa | **11** So | **12** Mo | **13** Di | **14** Mi | **15** Do | **1** F |

Pflanzzeit

bis 7.30	bis 7.30		ab 22.30	ab 1.30	bis 18.30	bis 23.00				bis 16.30 (außer 1.00 bis 6.00)		bis 6.30		bis 17.30	
ab 10.30	ab 10.30	–			ab 21.30 bis 23.00					ab 19.30		ab 9.30		ab 20.30	

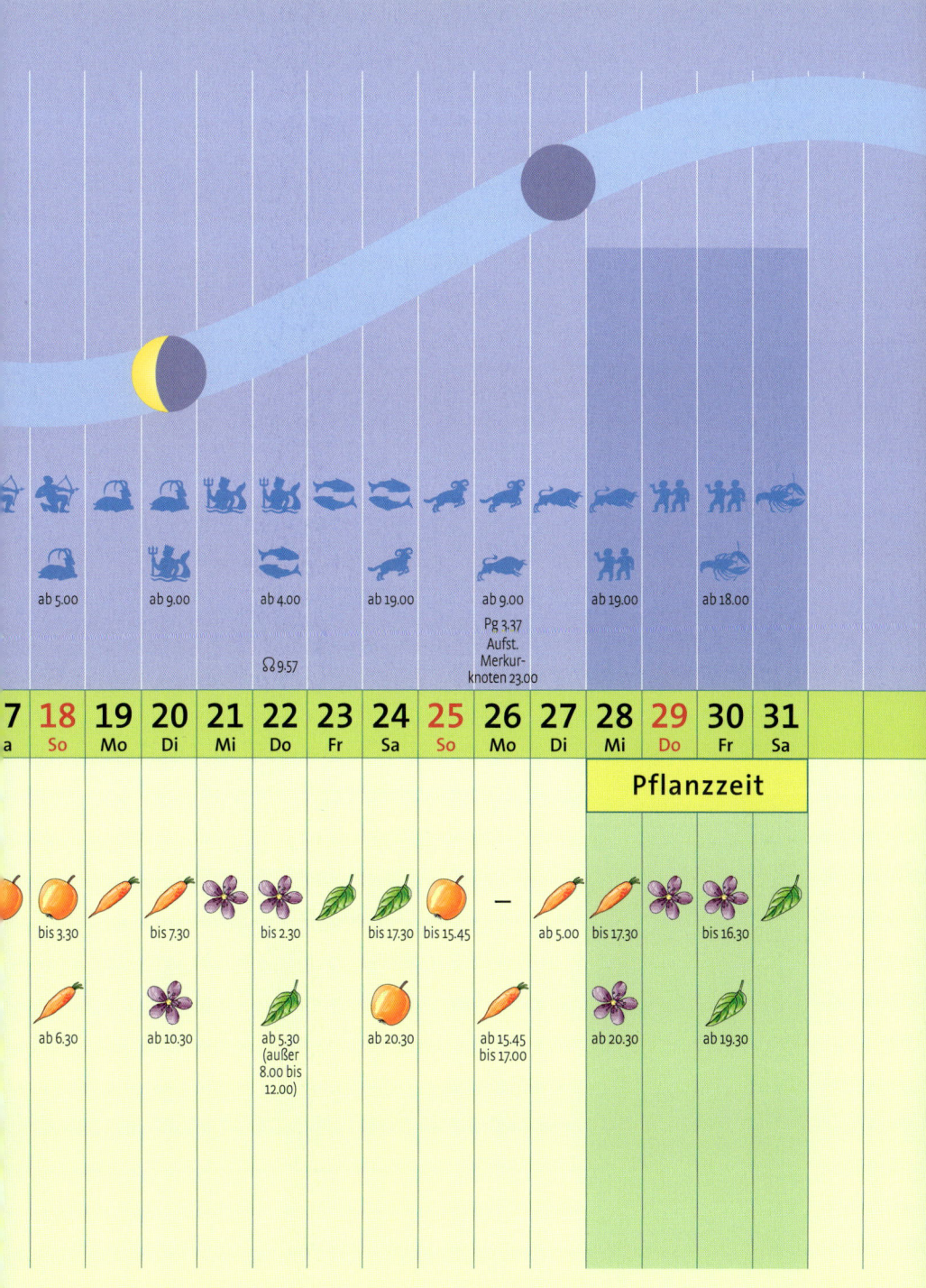

ab 5.00 · ab 9.00 · ab 4.00 · ab 19.00 · ab 9.00 · ab 19.00 · ab 18.00

Ω 9.57

Pg 3.37
Aufst.
Merkur-
knoten 23.00

7 a	18 So	19 Mo	20 Di	21 Mi	22 Do	23 Fr	24 Sa	25 So	26 Mo	27 Di	28 Mi	29 Do	30 Fr	31 Sa	

Pflanzzeit

	bis 3.30		bis 7.30		bis 2.30		bis 17.30	bis 15.45	–	ab 5.00	bis 17.30		bis 16.30	

| | ab 6.30 | | ab 10.30 | | ab 5.30
(außer
8.00 bis
12.00) | | ab 20.30 | | ab 15.45
bis 17.00 | | | ab 20.30 | | ab 19.30 |

1	So	Internationaler Kindertag	
		SA: 5.29 SU: 21.16	mm
2	Mo		
		SA: 5.22 SU: 21.23	mm
3	Di		mm
4	Mi		mm
5	Do		mm
6	Fr		mm
7	Sa		mm
8	So	Pfingstsonntag	mm
9	Mo	Pfingstmontag	
		SA: 5.17 SU: 21.30	mm
10	Di		mm
11	Mi		mm
12	Do	**Pflanzzeit endet um 1.54 Uhr**	mm
13	Fr		mm
14	Sa		mm
15	So		mm
16	Mo		
		SA: 5.15 SU: 21.35	mm

		Di	**17**
	mm		

		Mi	**18**
	mm		

		Fronleichnam Do	**19**
	mm		

		Fr	**20**
	mm		

		Sommeranfang / Sommersonnenwende Sa	**21**
	mm		

		So	**22**
	mm		

	SA: 5.17 SU: 21.32	Mo	**23**
	mm		

		Johannistag Di	**24**
	mm		

		Pflanzzeit beginnt um 3.43 Uhr Mi	**25**
	mm		

		Do	**26**
	mm		

		Siebenschläfer Fr	**27**
	mm		

		Sa	**28**
	mm		

		So	**29**
	mm		

	SA: 5.21 SU: 21.29	Mo	**30**
	mm		

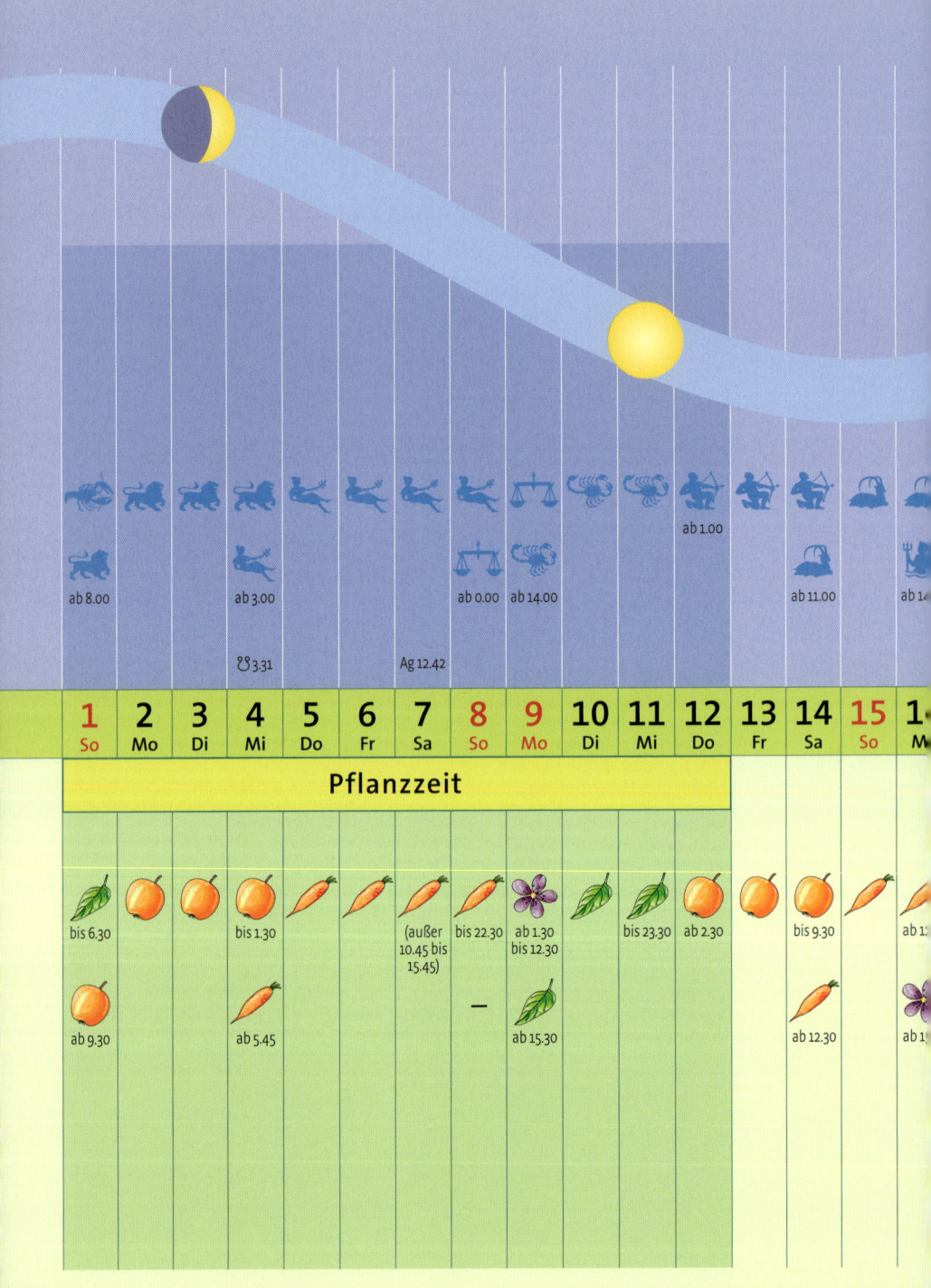

										ab 1.00				
ab 8.00		ab 3.00				ab 0.00	ab 14.00				ab 11.00			ab 14
		♋ 3.31			Ag 12.42									

1	2	3	4	5	6	7	8	9	10	11	12	13	14	15	1
So	Mo	Di	Mi	Do	Fr	Sa	So	Mo	Di	Mi	Do	Fr	Sa	So	M

Pflanzzeit

1	2	3	4	5	6	7	8	9	10	11	12	13	14	15
bis 6.30		bis 1.30			(außer 10.45 bis 15.45)	bis 22.30	ab 1.30 bis 12.30	bis 23.30	ab 2.30		bis 9.30		ab 12
ab 9.30		ab 5.45				—	ab 15.30				ab 12.30		ab 1

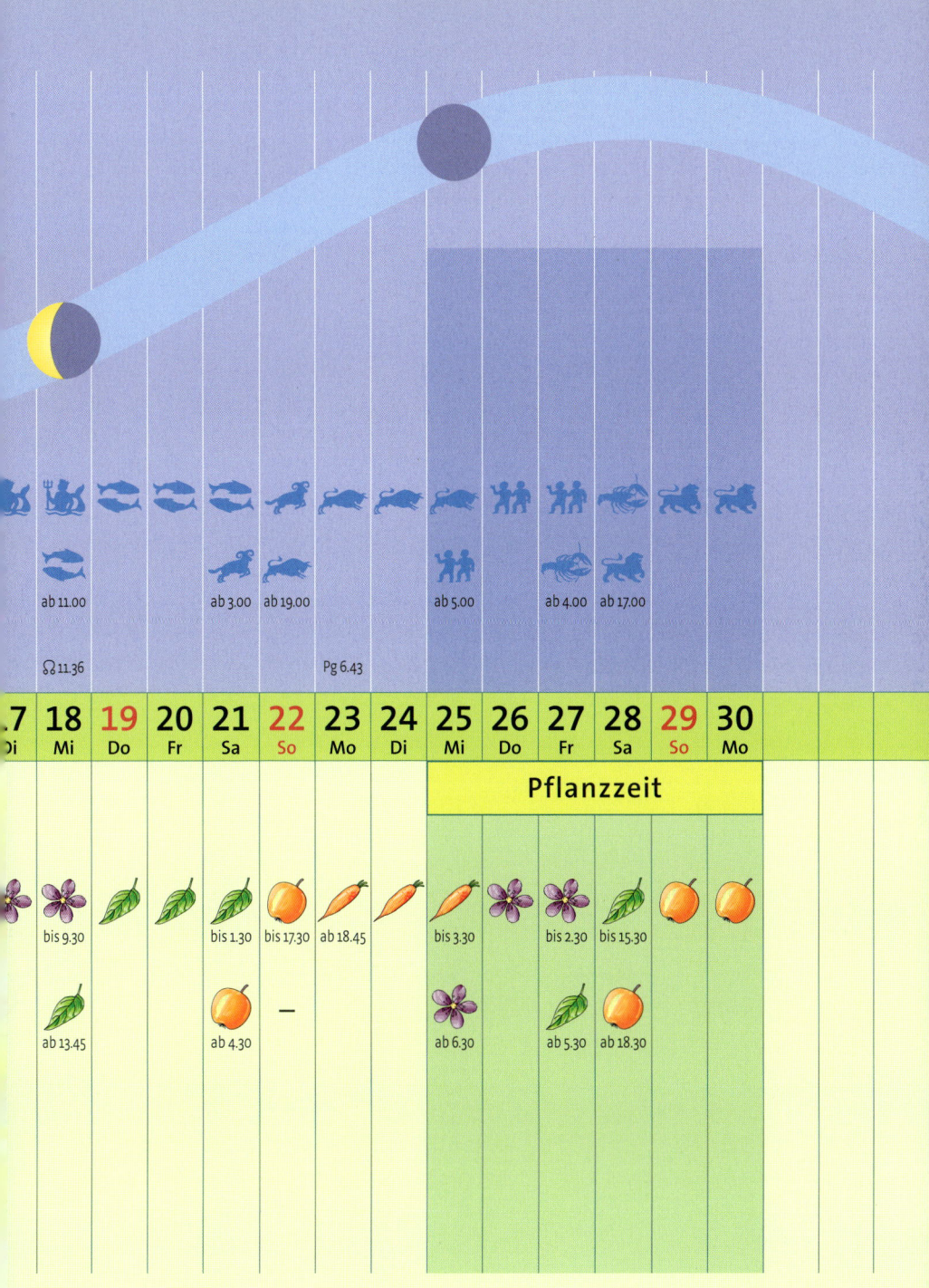

	18	19	20	21	22	23	24	25	26	27	28	29	30
Di	Mi	Do	Fr	Sa	So	Mo	Di	Mi	Do	Fr	Sa	So	Mo

ab 11.00   ab 3.00   ab 19.00   ab 5.00   ab 4.00   ab 17.00

♌ 11.36   Pg 6.43

Pflanzzeit

bis 9.30   bis 1.30 bis 17.30 ab 18.45   bis 3.30   bis 2.30 bis 15.30

ab 13.45   ab 4.30   –   ab 6.30   ab 5.30 ab 18.30

1	Di		
		SA: 5.21 SU: 21.29	mm
2	Mi		
			mm
3	Do	Beginn der Hundstage	
			mm
4	Fr		
			mm
5	Sa		
			mm
6	So		
			mm
7	Mo	**Pflanzzeit endet um 8.03 Uhr**	
		SA: 5.27 SU: 21.25	mm
8	Di		
			mm
9	Mi		
			mm
10	Do		
			mm
11	Fr		
			mm
12	Sa		
			mm
13	So		
			mm
14	Mo		
		SA: 5.35 SU: 21.21	mm
15	Di		
			mm
16	Mi		
			mm

					Do	**17**
				mm	Fr	**18**
					Sa	**19**
					So	**20**
				mm SA: 5.43 SU: 21.18	Mo	**21**
				Pflanzzeit beginnt um 11.43 Uhr	Di	**22**
					Mi	**23**
					Do	**24**
				mm	Fr	**25**
				mm	Sa	**26**
				mm	So	**27**
				mm SA: 5.53 SU: 21.08	Mo	**28**
				mm	Di	**29**
				mm	Mi	**30**
				mm	Do	**31**

ab 11.00				ab 7.00	ab 22.00				ab 8.00		ab 17.00		ab 20.00		ab 16.00
				Ag 4.29 Abst. Merkur-knoten 5.00											
☊ 5.47															☋ 12.47

1 Di	2 Mi	3 Do	4 Fr	5 Sa	6 So	7 Mo	8 Di	9 Mi	10 Do	11 Fr	12 Sa	13 So	14 Mo	15 Di	16 M

Pflanzzeit

bis 9.30				bis 23.00	ab 11.00	bis 20.30		bis 6.30		bis 15.30		bis 18.30		bis 11.00	
ab 12.30 (außer 4.00 bis 8.00)					ab 23.30			ab 9.30		ab 18.30		ab 21.30		ab 17.30	

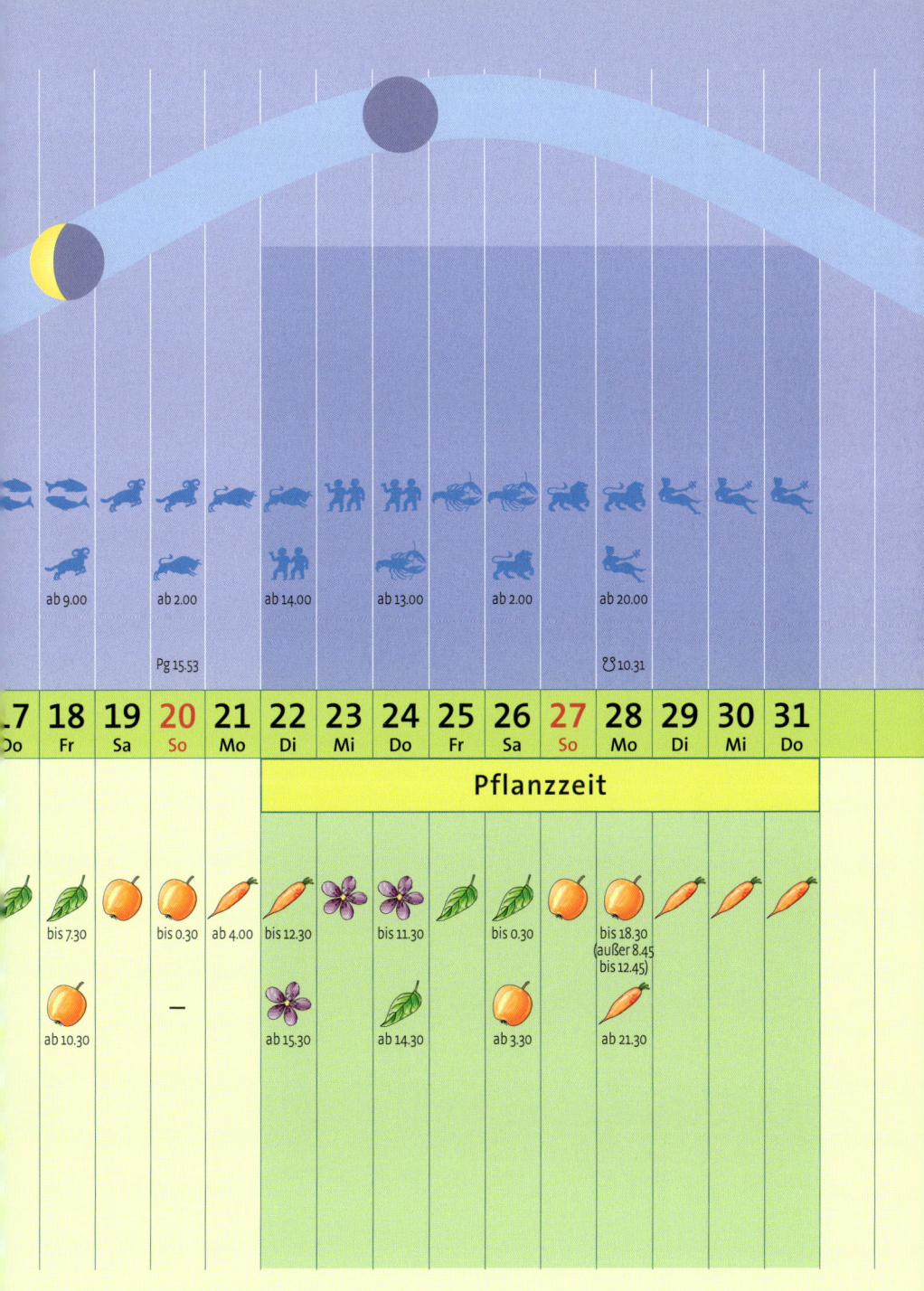

ab 9.00 · ab 2.00 · ab 14.00 · ab 13.00 · ab 2.00 · ab 20.00

Pg 15.53

♉ 10.31

.7	18	19	20	21	22	23	24	25	26	27	28	29	30	31
Do	Fr	Sa	So	Mo	Di	Mi	Do	Fr	Sa	So	Mo	Di	Mi	Do

Pflanzzeit

bis 7.30 · bis 0.30 · ab 4.00 · bis 12.30 · bis 11.30 · bis 0.30 · bis 18.30 (außer 8.45 bis 12.45)

ab 10.30 · — · ab 15.30 · ab 14.30 · ab 3.30 · ab 21.30

1	Fr	Nationalfeiertag (CH)	
		SA: 5.53 SU: 21.08	
2	Sa		
3	So		
4	Mo		
		SA: 6.03 SU: 20.57	
5	Di	**Pflanzzeit endet um 15.37 Uhr**	
6	Mi		
7	Do		
8	Fr	Friedensfest	
9	Sa		
10	So		
11	Mo	Ende der Hundstage	
		SA: 6.13 SU: 20.44	
12	Di		
13	Mi		
14	Do		
15	Fr	Mariä Himmelfahrt	
16	Sa		

					So	**17**
				Pflanzzeit beginnt um 17.59 Uhr	Mo	**18**
			mm	SA: 6.24 SU: 20.31	Di	**19**
					Mi	**20**
					Do	**21**
					Fr	**22**
					Sa	**23**
					So	**24**
			mm	SA: 6.34 SU: 20.16	Mo	**25**
					Di	**26**
					Mi	**27**
					Do	**28**
					Fr	**29**
					Sa	**30**
					So	**31**

1 Fr	2 Sa	3 So	4 Mo	5 Di	6 Mi	7 Do	8 Fr	9 Sa	10 So	11 Mo	12 Di	13 Mi	14 Do	15 Fr	16 Sa

Zodiac row times: ab 15.00 (1), ab 5.00 (2), ab 17.00 (3), ab 1.00 (6), ab 3.00 (10), ab 22.00 (11), ab 15.00 (14), ab 7.. (16)

Markers: Ag 22.37 (1), ♌ 16.48 (11), Pg 20.01 (14)

Pflanzzeit

- Day 1: bis 13.30 · ab 16.30 bis 20.45
- Day 2: ab 1.45
- Day 3: bis 3.30 · ab 6.30
- Day 5: bis 15.30 · ab 18.30
- Day 7: bis 23.30
- Day 8: ab 2.30
- Day 10: bis 1.30 · ab 4.30
- Day 11: bis 20.30 (außer 15.00 bis 19.00) · ab 23.30
- Day 14: bis 8.15 · —
- Day 15: ab 8.15
- Day 16: bis 5 · ab 8.

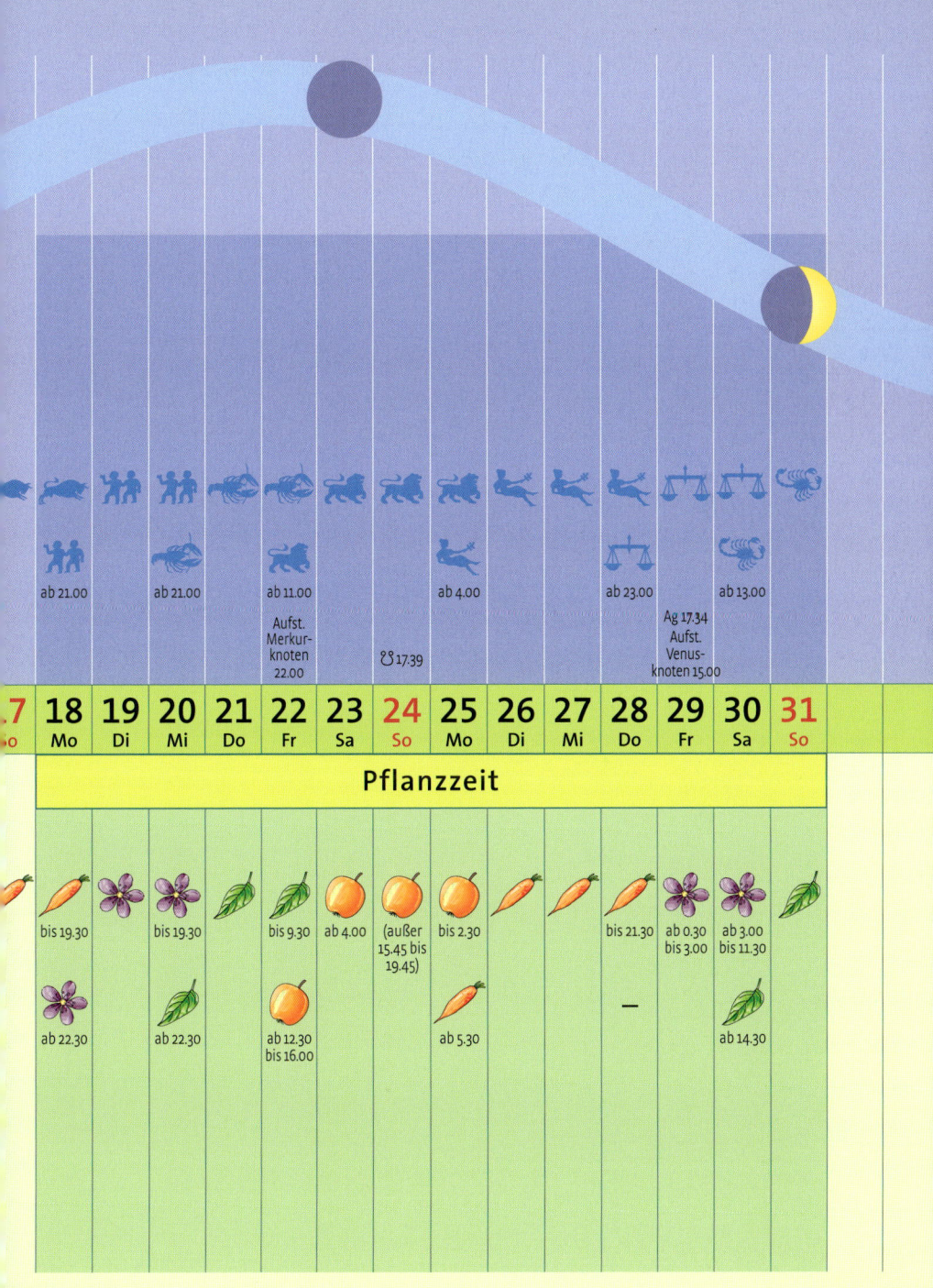

ab 21.00 ab 21.00 ab 11.00 ab 4.00 ab 23.00 ab 13.00

Aufst.
Merkur-
knoten
22.00

☊ 17.39

Ag 17.34
Aufst.
Venus-
knoten 15.00

.7	18	19	20	21	22	23	24	25	26	27	28	29	30	31
So	Mo	Di	Mi	Do	Fr	Sa	So	Mo	Di	Mi	Do	Fr	Sa	So

Pflanzzeit

bis 19.30	bis 19.30		bis 9.30	ab 4.00	(außer 15.45 bis 19.45)	bis 2.30				bis 21.30	ab 0.30 bis 3.00	ab 3.00 bis 11.30	
ab 22.30	ab 22.30		ab 12.30 bis 16.00		ab 5.30			–			ab 14.30

1	Mo	
		SA: 6.45 SU: 20.01
2	Di	**Pflanzzeit endet um 0.04 Uhr**
3	Mi	
4	Do	
5	Fr	
6	Sa	
7	So	
8	Mo	Mariä Geburt
		SA: 6.55 SU: 19.45
9	Di	
10	Mi	
11	Do	
12	Fr	
13	Sa	
14	So	**Pflanzzeit beginnt um 23.23 Uhr**
15	Mo	
		SA: 7.06 SU: 19.31
16	Di	

		Mi	17
		Do	18
		Fr	19
	Weltkindertag	Sa	20
		So	21
	Herbstanfang	Mo	22
	SA: 7.16 SU: 19.15		
		Di	23
		Mi	24
		Do	25
		Fr	26
		Sa	27
		So	28
	Pflanzzeit endet um 8.09 Uhr	Mo	29
	SA: 7.27 SU: 19.00		
		Di	30

	ab 1.00													
			ab 10.00		ab 12.00		ab 7.00		ab 22.00		ab 13.00			ab 2.00
							♋ 1.06		Pg 14.10					

1	**2**	**3**	**4**	**5**	**6**	**7**	**8**	**9**	**10**	**11**	**12**	**13**	**14**	**15**	**1**
Mo	Di	Mi	Do	Fr	Sa	So	Mo	Di	Mi	Do	Fr	Sa	So	Mo	D
bis 23.30	ab 2.30		bis 8.30		bis 10.30	bis 23.15	ab 3.15 bis 5.30		bis 2.15	ab 2.15	bis 11.30		bis 0.30		
	ab 11.30				ab 13.30		ab 8.30		–		ab 14.30		ab 3.30		

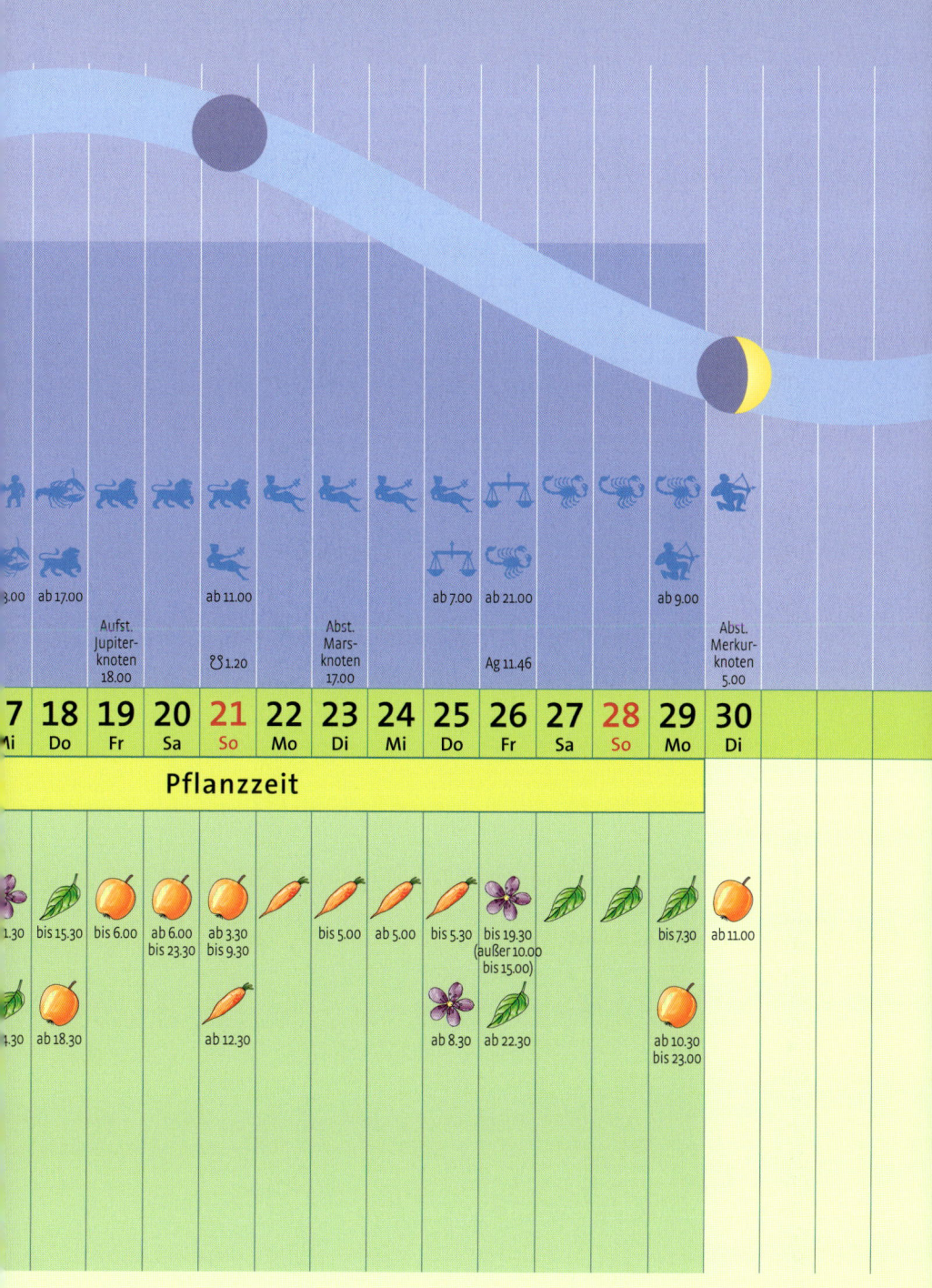

	3.00	ab 17.00			ab 11.00				ab 7.00	ab 21.00				ab 9.00	
		Aufst. Jupiter- knoten 18.00		☊ 1.20			Abst. Mars- knoten 17.00			Ag 11.46				Abst. Merkur- knoten 5.00	

7 Mi	18 Do	19 Fr	20 Sa	21 So	22 Mo	23 Di	24 Mi	25 Do	26 Fr	27 Sa	28 So	29 Mo	30 Di

Pflanzzeit

1.30	bis 15.30	bis 6.00	ab 6.00 bis 23.30	ab 3.30 bis 9.30		bis 5.00	ab 5.00	bis 5.30	bis 19.30 (außer 10.00 bis 15.00)			bis 7.30	ab 11.00
4.30	ab 18.30			ab 12.30					ab 8.30	ab 22.30		ab 10.30 bis 23.00	

1	Mi		
		SA: 7.27 SU: 19.00	mm
2	Do		
			mm
3	Fr	Tag der Deutschen Einheit	
			mm
4	Sa		
			mm
5	So	Erntedankfest	
			mm
6	Mo		
		SA: 7.38 SU: 18.45	mm
7	Di		
			mm
8	Mi		
			mm
9	Do		
			mm
10	Fr		
			mm
11	Sa		
			mm
12	So	**Pflanzzeit beginnt um 5.30 Uhr**	
			mm
13	Mo		
		SA: 7.49 SU: 18.30	mm
14	Di		
			mm
15	Mi		
			mm
16	Do		
			mm

			Fr	**17**
	mm		Sa	**18**
	mm		So	**19**
	mm	SA: 8.01 SU: 18.16	Mo	**20**
	mm		Di	**21**
	mm		Mi	**22**
	mm		Do	**23**
	mm		Fr	**24**
	mm		Sa	**25**

Nationalfeiertag (A) So **26**
Pflanzzeit endet um 13.51 Uhr
Ende der Sommerzeit – Uhren um 3.00 Uhr auf 2.00 Uhr zurückstellen.

SA: 7.12   SU: 17.04   Mo **27**

Di **28**

Mi **29**

Do **30**

Reformationstag / Halloween   Fr **31**

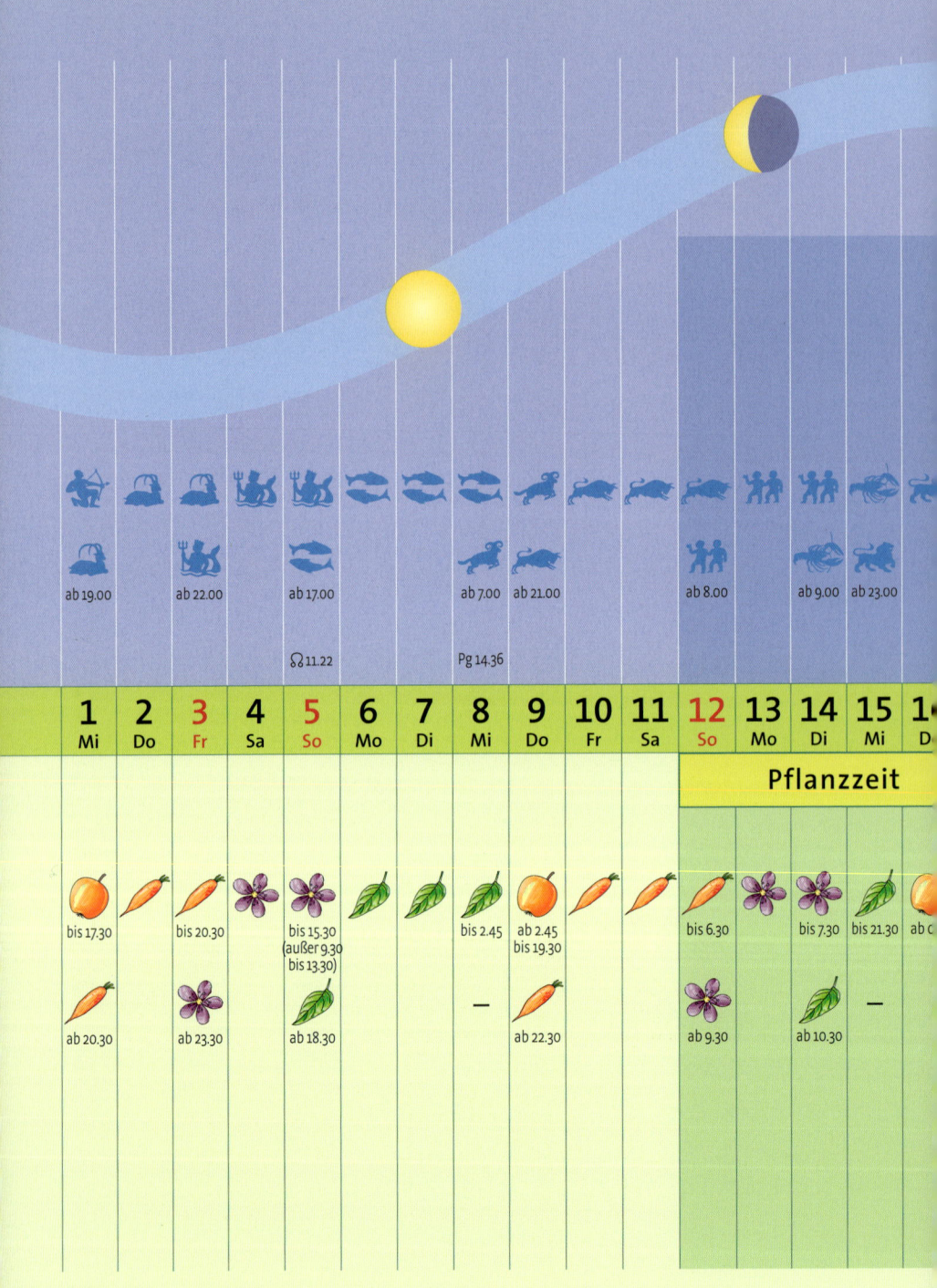

ab 19.00	ab 22.00	ab 17.00			ab 7.00	ab 21.00					ab 8.00		ab 9.00	ab 23.00
		☊ 11.22			Pg 14.36									

1 Mi	2 Do	3 Fr	4 Sa	5 So	6 Mo	7 Di	8 Mi	9 Do	10 Fr	11 Sa	12 So	13 Mo	14 Di	15

Pflanzzeit

bis 17.30	bis 20.30	bis 15.30 (außer 9.30 bis 13.30)		bis 2.45	ab 2.45 bis 19.30					bis 6.30		bis 7.30	bis 21.30	bis 0
ab 20.30	ab 23.30	ab 18.30			—	ab 22.30					ab 9.30		ab 10.30	—

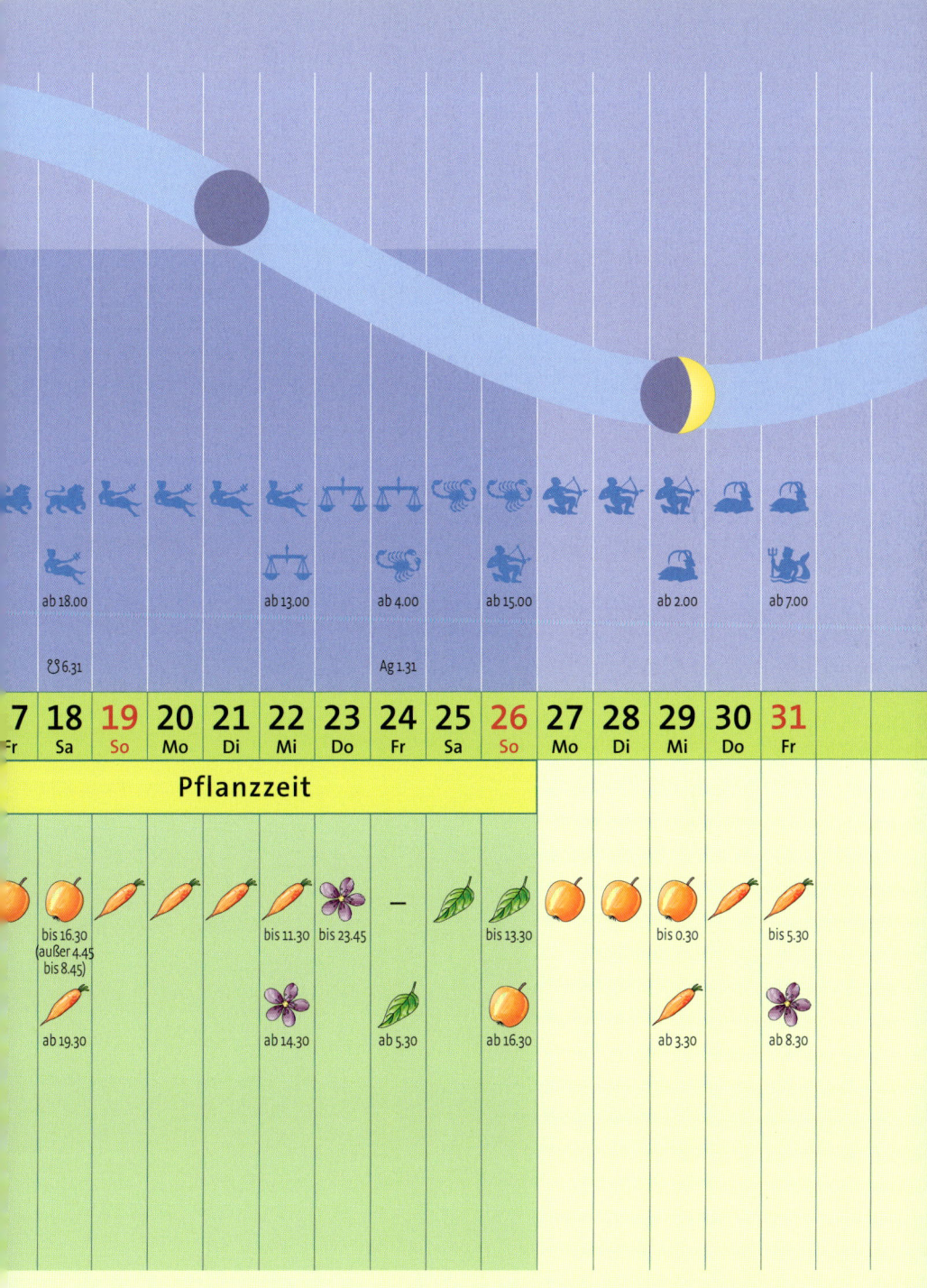

17	18	19	20	21	22	23	24	25	26	27	28	29	30	31
Fr	Sa	So	Mo	Di	Mi	Do	Fr	Sa	So	Mo	Di	Mi	Do	Fr

Pflanzzeit

ab 18.00   ab 13.00   ab 4.00   ab 15.00   ab 2.00   ab 7.00

♋ 6.31   Ag 1.31

bis 16.30 (außer 4.45 bis 8.45)   bis 11.30   bis 23.45   —   bis 13.30   bis 0.30   bis 5.30

ab 19.30   ab 14.30   ab 5.30   ab 16.30   ab 3.30   ab 8.30

1	Sa	Allerheiligen	
		SA: 7.12 SU: 17.04	
2	So	Allerseelen	
3	Mo		
		SA: 7.24 SU: 16.52	
4	Di		
5	Mi		
6	Do		
7	Fr		
8	Sa	**Pflanzzeit beginnt um 12.41 Uhr**	
9	So		
10	Mo		
		SA: 7.36 SU: 16.42	
11	Di	Martinstag	
12	Mi		
13	Do		
14	Fr		
15	Sa		
16	So	Volkstrauertag	

					Mo	**17**
			mm	SA: 7.47 SU: 16.34		
					Di	**18**
			mm			
				Buß- und Bettag	Mi	**19**
			mm			
					Do	**20**
			mm			
					Fr	**21**
			mm			
				Pflanzzeit endet um 19.12 Uhr	Sa	**22**
			mm			
				Totensonntag	So	**23**
			mm			
					Mo	**24**
			mm	SA: 7.57 SU: 16.28		
					Di	**25**
			mm			
					Mi	**26**
			mm			
					Do	**27**
			mm			
					Fr	**28**
			mm			
					Sa	**29**
			mm			
				1. Advent	So	**30**
			mm			

NOVEMBER

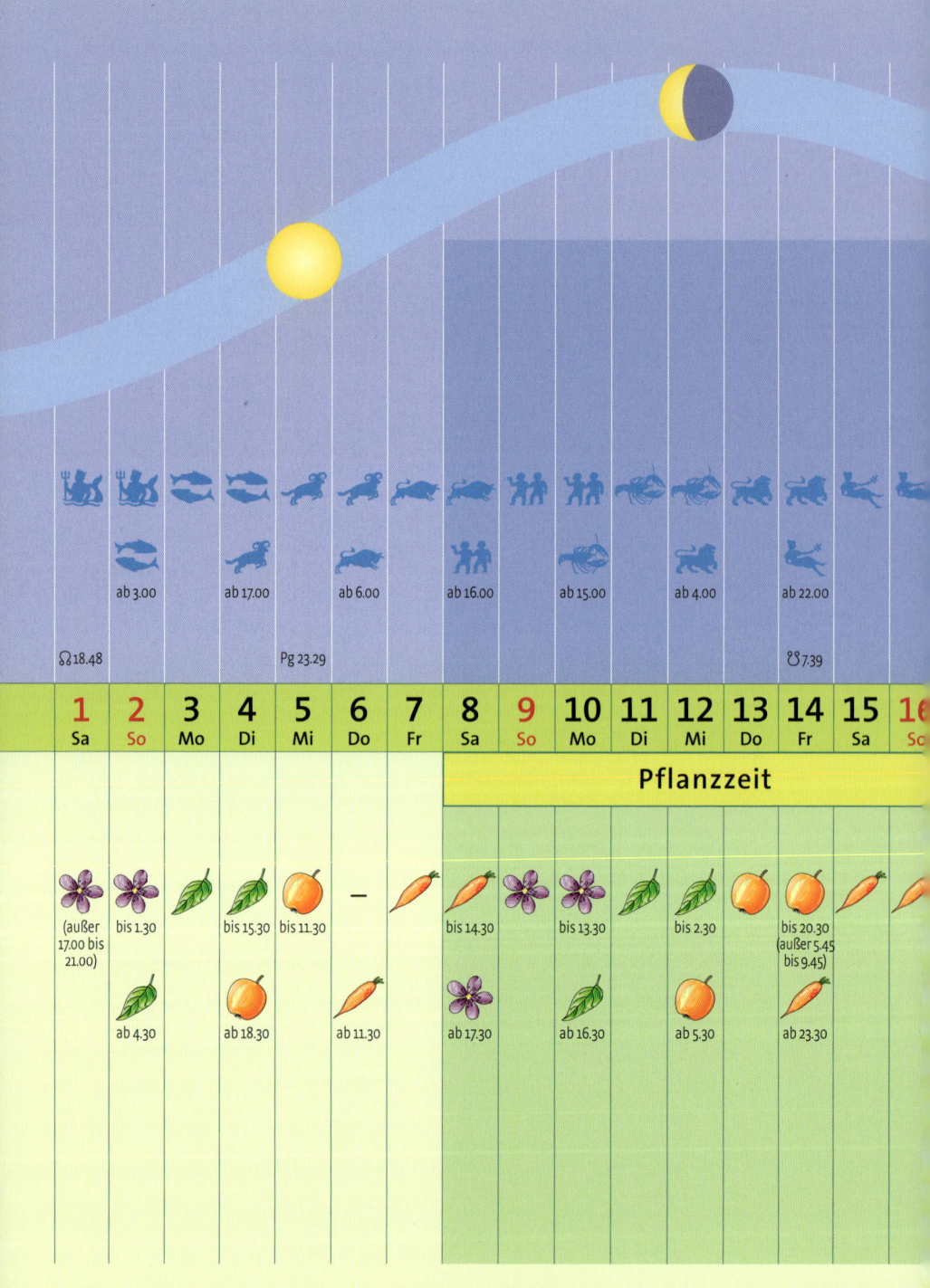

	ab 3.00	ab 17.00	ab 6.00	ab 16.00	ab 15.00	ab 4.00	ab 22.00

♋ 18.48   Pg 23.29   ☋ 7.39

1 Sa	2 So	3 Mo	4 Di	5 Mi	6 Do	7 Fr	8 Sa	9 So	10 Mo	11 Di	12 Mi	13 Do	14 Fr	15 Sa	16 So

Pflanzzeit

| (außer 17.00 bis 21.00) | bis 1.30 | | bis 15.30 | bis 11.30 | – | | bis 14.30 | | bis 13.30 | | bis 2.30 | | bis 20.30 (außer 5.45 bis 9.45) | | |
| ab 4.30 | ab 18.30 | | ab 11.30 | | | | ab 17.30 | | ab 16.30 | | ab 5.30 | | ab 23.30 | | |

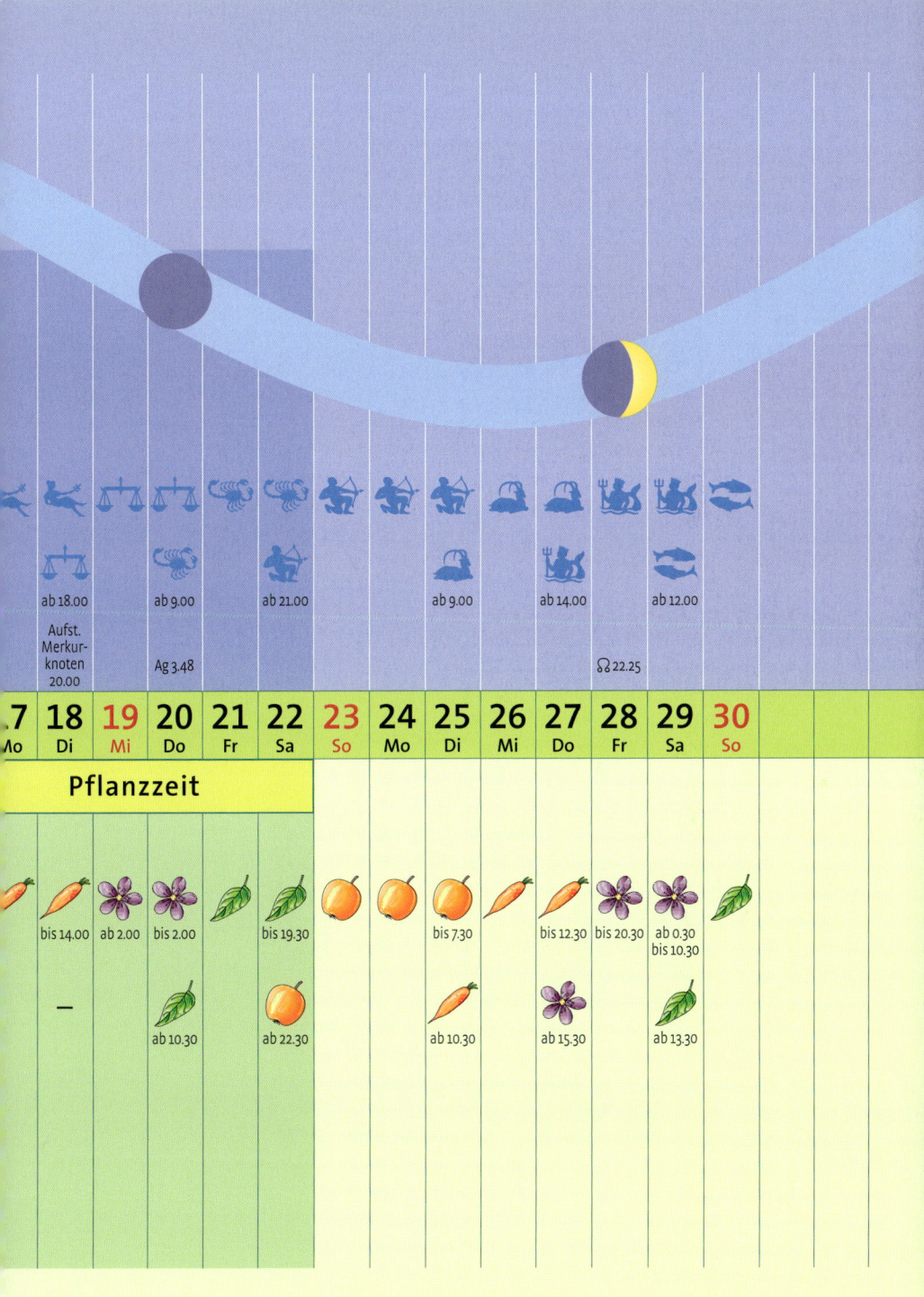

	ab 18.00		ab 9.00		ab 21.00			ab 9.00		ab 14.00		ab 12.00		
	Aufst. Merkur- knoten 20.00		Ag 3.48								♌ 22.25			

~~7~~	18	19	20	21	22	23	24	25	26	27	28	29	30		
Mo	Di	Mi	Do	Fr	Sa	So	Mo	Di	Mi	Do	Fr	Sa	So		

Pflanzzeit

bis 14.00	ab 2.00	bis 2.00		bis 19.30			bis 7.30			bis 12.30	bis 20.30	ab 0.30 bis 10.30		
—		ab 10.30		ab 22.30			ab 10.30			ab 15.30		ab 13.30		

1	Mo		SA: 8.07　SU: 16.24
2	Di		
3	Mi		
4	Do	Barbaratag	
5	Fr	**Pflanzzeit beginnt um 22.51 Uhr**	
6	Sa	Nikolaus	
7	So	2. Advent	
8	Mo	Mariä Empfängnis	SA: 8.14　SU: 16.22
9	Di		
10	Mi		
11	Do		
12	Fr		
13	Sa		
14	So	3. Advent	
15	Mo		SA: 8.17　SU: 16.20
16	Di		

mm

					Mi	**17**
			mm		Do	**18**
					Fr	**19**
				Pflanzzeit endet um 0.18 Uhr	Sa	**20**
			mm	4. Advent Winteranfang / Wintersonnenwende	So	**21**
			mm	SA: 8.23 SU: 16.27	Mo	**22**
			mm		Di	**23**
			mm	Heiligabend	Mi	**24**
			mm	1. Weihnachtsfeiertag	Do	**25**
			mm	2. Weihnachtsfeiertag	Fr	**26**
			mm		Sa	**27**
			mm		So	**28**
			mm	SA: 8.24 SU: 16.35	Mo	**29**
			mm		Di	**30**
			mm	Silvester	Mi	**31**

ab 4.00	ab 18.00		ab 2.00		ab 0.00	ab 12.00			ab 5.00						ab 0.
	Pg 12.06								♋ 8.42						
1 Mo	**2** Di	**3** Mi	**4** Do	**5** Fr	**6** Sa	**7** So	**8** Mo	**9** Di	**10** Mi	**11** Do	**12** Fr	**13** Sa	**14** So	**15** Mo	**1** D

				Pflanzzeit											
	bis 2.30	bis 16.30	bis 0.15	ab 0.15	bis 0.30	bis 22.30	ab 1.30 bis 10.30		(außer 6.45 bis 10.45)	bis 3.30				bis 22	
	ab 5.30	ab 19.30			ab 3.30	—	ab 13.30		ab 6.30				—		

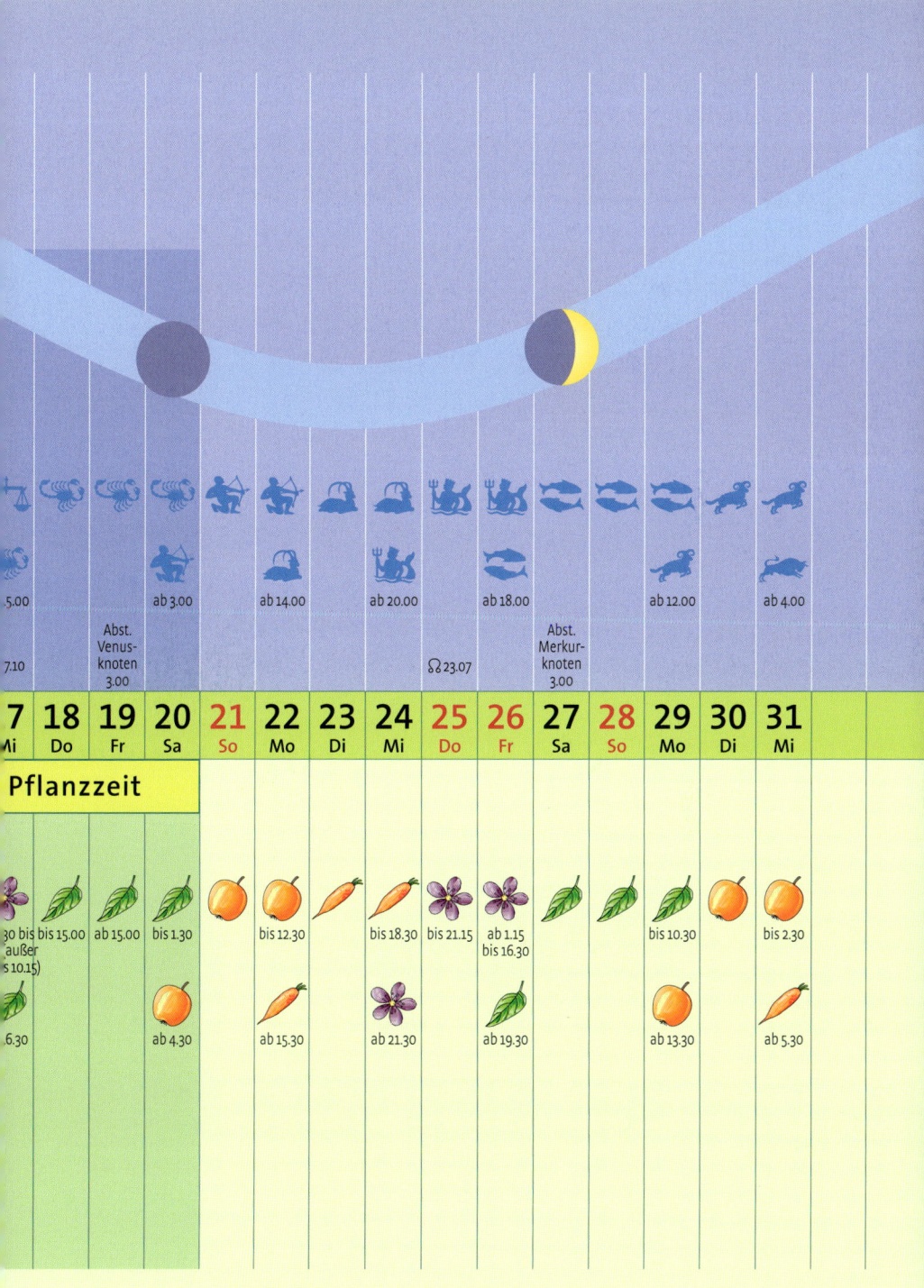

5.00		ab 3.00		ab 14.00		ab 20.00		ab 18.00			ab 12.00		ab 4.00
7.10	Abst. Venus-knoten 3.00					♌ 23.07			Abst. Merkur-knoten 3.00			

7	18	19	20	21	22	23	24	25	26	27	28	29	30	31
Mi	Do	Fr	Sa	So	Mo	Di	Mi	Do	Fr	Sa	So	Mo	Di	Mi

Pflanzzeit

30 bis außer s 10.15)	bis 15.00	ab 15.00	bis 1.30	bis 12.30		bis 18.30	bis 21.15	ab 1.15 bis 16.30			bis 10.30		bis 2.30
.6.30			ab 4.30	ab 15.30		ab 21.30		ab 19.30			ab 13.30		ab 5.30

Bildnachweis

Mit 16 Farbfotos von Peter Berg/Jürgen Weis-heitinger. Und einem Farbfoto von Flora Press: /Martin Hughes-Jones S. 2

Mit Illustrationen von:
Jochen Gündel: Umschlaginnenseite sowie Symbole Apfel, Blüte, Blatt, Wurzel auf Um-schlaginnenseite und Kalendarium.

Impressum

Umschlaggestaltung von Walter & Grafik GmbH, Würzburg unter Verwendung von zwei Farbfotos von GAP Photos/Tim Gainey (Umschlagvorderseite) und /Zara Napier (Umschlagrückseite).

Unser gesamtes Programm finden Sie unter **kosmos.de**.
Über Neuigkeiten informieren Sie regelmäßig unsere Newsletter, einfach anmelden unter **kosmos.de/newsletter**

Gedruckt auf chlorfrei gebleichtem Papier

Die Aussaattage wurden auf Grundlage der Astronomischen Konstellationen an der mathe-matisch-astronomischen Sektion des Goethe-anums in Dornach, Schweiz, berechnet und von der Kosmos Garten-Redaktion bearbeitet.

©2024, Franckh-Kosmos Verlags-GmbH & Co. KG, Pfizerstraße 5–7, 70184 Stuttgart
Alle Rechte vorbehalten
Wir behalten uns auch die Nutzung von uns veröffentlichter Werke für Text und Data Mining im Sinne von §44b UrhG ausdrücklich vor.
ISBN 978-3-440-17997-0
Texte: Peter Berg, Kosmos Garten-Redaktion
Projektleitung: Birgit Grimm
Redaktion und Bildredaktion: Birgit Grimm
Gestaltungskonzept: Atelier Reichert, Stuttgart
Gestaltung und Satz: typopoint GbR, Ostfildern
Produktion: Klaus Jost
Druck und Bindung: Print Consult GmbH, München
Printed in Slovakia / Imprimé en Slovaquie

Alle Angaben in diesem Buch sind sorgfältig geprüft und geben den neuesten Wissens-stand bei der Veröffentlichung wieder. Da sich das Wissen aber laufend in rascher Folge weiterentwickelt und vergrößert, muss jeder Anwender prüfen, ob die Anga-ben nicht durch neuere Erkenntnisse über-holt sind.

Vielfalt
—— ernten & bewahren

MECHTHILD HUBL

MEINE SAMEN—GÄRTNEREI

GEMÜSE-SAATGUT SELBST GEWINNEN

KOSMOS

Vielfalt ERNTEN UND BEWAHREN SEIT 1822

MIT KOSMOS MEHR ENTDECKEN

Gärtnern für die Zukunft

SEIT 1822

144 Seiten

Biodiversität fördern, samenfeste Sorten bewahren, Gentechnik vermeiden und Geld sparen: Vieles spricht dafür, Gemüse und Kräuter aus eigenem Saatgut zu vermehren. Mechthild Hubl zeigt den Weg von der Samenernte bis zur neuen Pflanze – und das nicht nur für Bohne, Salat oder Tomate, sondern auch für Fremdbestäuber wie Gurke, Zwiebel oder Petersilie. Das Herauslösen der Samen sowie Lagerung und Aussaat werden genau erklärt. Außerdem bietet dieses anschauliche Praxisbuch einen Erntekalender, der über Blühzeitpunkt und Dauer der Samenbildung bei den einzelnen Arten informiert.

KOSMOS – konsequent nachhaltig. Produziert nach dem zertifizierten Cradle-to-Cradle-Prinzip.

kosmos.de

Wichtige Gartenpflanzen und ihre Gruppenzugehörigkeit

Fruchtpflanzen 🍑

Äpfel
Aprikosen
Auberginen
Birnen
Brombeeren
Busch-Bohnen
Erbsen
Erdbeeren
Feigen
Feuer-Bohnen
Gurken
Haselnüsse
Heidelbeeren
Himbeeren
Japanische Weinbeeren
Johannisbeeren
Jostabeeren
Kirschen, Sauer-, Süß-
Kiwi
Kürbisse
Loganbeeren
Mais
Mirabellen
Nektarinen
Paprika
Pfirsiche
Pflaumen/Zwetschen
Preiselbeeren
Quitten
Renekloden
Soja
Stachelbeeren
Stangen-Bohnen
Tomaten
Walnüsse
Weinreben
Wildobst
Zucchini
Zucker-Mais
Zucker-Melonen

Blütenpflanzen 🌸

Artischocken
Balkonpflanzen, blühende
Blumenzwiebeln
Brokkoli
Kamille, Echte
Kübelpflanzen, blühende
Lavendel, Blütenernte
Rosen
Sommerblumen
Stauden, blühende

Blattpflanzen 🌿

Balkonpflanzen, Blatt-
Basilikum
Blumenkohl
Bohnenkraut
Borretsch
Chinakohl
Chicorée/Treiberei
Eissalat
Endivien
Feldsalat
Garten-Melde
Grünkohl
Kerbel
Knollen-Fenchel
Kohlrabi
Kopfsalat
Kresse
Kübelpflanzen, Blatt-
Lauch/Porree
Mangold
Neuseeländer Spinat
Pak Choi
Petersilie
Pflücksalat
Radicchio
Rasen
Rhabarber
Römischer Salat
Rosenkohl
Rotkohl
Rucola
Schnittlauch
Schnittsalat
Spinat
Stangen-Sellerie
Stauden, Blatt-
Weißkohl
Wirsing
Zitronen-Melisse
Zuckerhut

Wurzelpflanzen 🥕

Chicorée/Wurzel
Karotten/Möhren
Kartoffeln
Knollen-Sellerie
Knoblauch
Meerrettich
Pastinake
Radieschen
Rettich
Rote Bete
Schwarzwurzeln
Süßkartoffeln
Topinambur
Zwiebeln

Hier haben wir für Sie bereits die wichtigsten Gartenpflanzen entsprechend ihrer Gruppenzugehörigkeit im Überblick zusammengestellt. Da die Gruppenzugehörigkeit dabei in der Regel immer von dem Pflanzenorgan bestimmt wird, das geerntet wird bzw. im Hauptinteresse der Nutzung steht, können Sie nach diesem Prinzip die entsprechende Gruppenzugehörigkeit bei Bedarf leicht selbst bestimmen.